Meiner Familie

3. Auflage

Herausgeber: Karl Leitner
Autorin: Maria Leitner
Umschlaggestaltung, Illustration: Birgit Dober/ Karl Leitner
Lektorat, Korrektorat: Birgit Dober

Verlag: Buchschmiede von Dataform Media GmbH, Wien
ISBN: 978-3-99057-958-9 (Paperback)
ISBN: 978-3-99057-959-6 (Hardcover)

Printed in Austria

Maria Leitner

„Das war halt manchmal auch ein hartes Leben“

Erinnerungen an meine Kindheit und Jugend am Bergbauernhof

Pöllau am Greim, 2009

Inhaltsverzeichnis

Pöllau am Greim zu meiner Schulzeit

KINDHEITSERINNERUNGEN

Erste eigene Erinnerungen

Ich bin am 8. Jänner 1927 in Pöllau am Greim 39 als erstes von fünf Geschwistern zur Welt gekommen. Die Geburtsjahre meiner zwei Schwestern waren 1928 und 1938, die meiner Brüder 1929 und 1941. Meine erste Erinnerung in meinem Leben reicht zurück, als ich zwei Jahre und acht Monate alt war, als mein Bruder Michael zur Welt kam. Ich war mit Großvater im Stall. Auf einmal sagte er, „jetzt gehen wir ins Haus hinein, es ist ein kleines Popperle gekommen.“ Da lag meine Mami im Bett und neben ihr das kleine Kindlein. Woher das Kindlein kam, darüber wurde bei uns daheim gar nicht gesprochen.

Eine Hebamme wurde damals in den seltensten Fällen geholt. Die Hebamme wohnte fünf Kilometer entfernt im Dorf drunten und musste zu Fuß auf den Berg hinauf. Es gab ja keine Straße, nur einen steilen, schmalen Karrenweg und zur Abkürzung einen steilen Fußsteig. Die Straße wurde erst nach dem Krieg gebaut. So wurde zur Geburtshilfe eine geschickte Frau aus der näheren Umgebung geholt. In diesem Fall war es die Nachbarin. Da hat man mir halt gesagt, die „Wallnermutter“ hätte das Kindlein gebracht. Meine Mutter wohnte damals noch daheim bei ihren Eltern. Meine Großeltern, die ich immer sehr schätzte und liebte, waren Bauersleute. Weil ich meine Großeltern so gern hatte, konnte ich, was meine Mutter betrifft, nie eine Eifersucht meinen jüngeren Geschwistern gegenüber empfinden.

Großmutter

Meine Großmutter war eine nicht gar so große, schlanke Frau mit viel Energie und gut bei Fuß. Auf uns Kinder redete sie immer ein: „Geht's schea schnöll, tuat's schea schnöll, langsamer werd's eh, wonn's alt werd's.“ Ja, Großmutter habe ich viel zu verdanken, viele ihrer Ratschläge habe ich befolgt und auch dringend gebraucht.

Sie hatte zwei ledige Kinder. Der Vater vom ersten, einem Buben, ist an einer Krankheit gestorben. Der Vater vom zweiten, einem Mädchen, ist im Ersten Weltkrieg gefallen. Dann lernte sie meinen Großvater kennen, da kam halt bald wieder ein Mädchen, meine Mutter, zur Welt.

Urgroßmutter mit Kindern beim Begräbnis ihrer jüngsten Tochter Ludmilla (Milla), Anfang 20. Jhdt.

hintere Reihe: Justl, Thresl, Rosl und Liesl (v.l.n.r.)

vordere Reihe: Toni, Urgroßmutter und Maria (Großmutter mütterlicherseits)

Großmutter war eine Tochter von einem gut situierten Bauernhof. Sie hatte fünf Schwestern und einen Bruder. Als ihr Bruder den Hof übernahm und heiratete, musste auch meine Großmutter in den Dienst. Warum meine Großmutter damals Großvater noch nicht heiraten konnte, ist mir nicht bekannt. Wahrscheinlich hatte auch er noch nicht übernommen gehabt und es waren noch seine Geschwister am Betrieb.

Das jüngste Kind hatte die Großmutter mit im Dienst. Das Mädchen, Katharina, blieb bei ihrer Mutter zurück und der Bub Peter kam zu den Schwiegereltern ihres Bruders. Es wird meiner Großmutter sicher nicht leicht gefallen sein, die kleinen Kinder zurückzulassen.

Dem Mädchen Katharina wird's bei ihrer Großmutter ja nicht so schlecht gegangen sein, aber auch sie musste schon sehr jung in den Dienst. Dem Buben Peter ist es, wie er dann später erzählte, ganz und gar nicht gut gegangen. Früh musste er schon Arbeiten verrichten, denen er noch gar nicht gewachsen war. Wie ich so als Kind mitbekommen habe, hatten die beiden zu ihrer Mutter und meiner Großmutter nie eine richtige Mutterbeziehung. Obwohl sie schon ab und zu auf Besuch kamen, wurde mit Vorwürfen nicht gespart. Da ist mir dann immer mehr bewusst geworden, was es heißt, wenn Kinder nicht bei den Eltern aufwachsen können.

Natürlich haben größere Bauern solche Kinder gern genommen, waren sie doch billige Arbeitskräfte. Mit dem zur Schule gehen wurde es damals nicht so genau genommen. So mussten gerade Ziehkinder oft daheim bleiben, um bei der Arbeit mitzuhelfen. Dass diese dann mit dem Lernen nicht so mitkamen, war verständlich.

Mein Onkel Peter hat sich dann frühzeitig als Schwellenhacker und Sägearbeiter selbstständig gemacht. Aufgrund seines Geburtsjahres 1896 musste er, wie auch mein Vater, in beiden Weltkriegen einrücken.

1938 kam meine jüngere Schwester Anna zur Welt. In diesem Jahr erkrankte auch meine Großmutter an einer schweren Lungenentzündung, so schwer, dass niemand mehr an eine Genesung glaubte. Es war wie ein Wunder, sie hatte sich von dieser schweren Krankheit nochmals derfangen. Großmutter war immer dagegen, einen Arzt zu holen. Wenn sie darauf angesprochen oder dazu gedrängt wurde, sagte sie immer: „Wollt ihr mich weg haben?" Sie meinte nur: „Fest doktern und Tee trinken". Ob bei dieser schweren Krankheit jemals ein Arzt kam, ist mir nicht bekannt, wir Kinder waren ja in der Schule. Ich kann mich nur gut erinnern, dass bei der Pflege alle

Onkel Franz und Schwester Rosa,
spätere Schwester Werenfrieda,
Ende der Dreißiger-, Anfang der Vierzigerjahre

(Hintergrund: rechts Aufgang zur Zeughütte,
links altes Stallgebäude)

zusammen halfen. Meine Mutter hatte das Glück, dass ihre Schwiegermutter, obwohl auch schon über achtzig Jahre, doch noch ziemlich fit war. So konnte sie jeden Tag kommen, die Großmutter betreuen.

Meine Großeltern, meine Mutter, ich und meine Schwester Rosa,
Binder Sepp und Wilhelm,
ungefähr 1930

Mit der Heirat meiner Eltern im Jahr 1937 ist meine Mutter nämlich zum nahe gelegenen Anwesen meines Vaters gezogen, hat aber nur den Bruder Michael mitgenommen. Ich und meine Schwester Rosa sind bei den Großeltern und Onkel Franz geblieben. Davon wird aber später noch die Rede sein.

Auch Onkel Franz zeigte gutes Geschick im Betreuen eines kranken Menschen. Weil die Krankheit meiner Großmutter so schwer war, brauchte sie rund um die Uhr Pflege und Aufsicht. Einige Frauen aus der Nachbarschaft waren bereit, bei der Pflege zu helfen, sprachen sich ab und kamen abwechselnd. Von einer Überstellung in ein Krankenhaus wurde in so einem Fall gar nicht gesprochen, mir als Kind war davon jedenfalls nichts bekannt und meine Großmutter wäre auf keinen Fall dazu zu bewegen gewesen. Ich kann mich nur gut erinnern, dass ihr die Frauen immer wieder Butterpflaster auf die Brust gelegt haben und ein Tuch darüber. Echte, selbst erzeugte Butter wurde auf ein reines Papier in der Größe von ungefähr fünfundzwanzig mal fünfundzwanzig Zentimeter gestrichen und ein wenig Zucker draufgeschabt oder ein paar Tropfen Wacholderöl draufgetropft. Diese Pflaster wurden auf die Brust gelegt und von Zeit zu Zeit erneuert. Vom Zuschauen weiß ich, dass das Papier von den Pflastern ganz trocken war, als sie herunter genommen wurden. Dabei wurde gesprochen: „Wohl, wohl, es hat wieder alles aufgesaugt, wir können hoffen."

Wenn Mutter zur Pflege von Großmutter kam, war auch unser Bruder Michael oft mit, der Großvater beim Tiere füttern half. Wenn es die Zeit erlaubte, blieb er zum Spielen. Wir drei spielten so gerne miteinander. Michael hatte große Freude an den Tieren und zeigte im Gegenzug weit weniger Interesse am Schuhe machen, dem Beruf meines Vaters.

Großmutter hielt viel auf Hausmittel und kannte auch zahlreiche. So schön langsam hatte sie sich von dieser schweren Krankheit erholt. Dass sie nicht mehr soviel arbeiten konnte, war zu verstehen.

Großmutter gebrauchte die Hausmittel auch für uns Kinder, wenn wir krank waren. Wenn wir Fieber hatten, mussten wir im Bett bleiben und bekamen einen Fieber- oder Lindenblütentee. Wir wurden gut zugedeckt und mussten eine Zeit lang schwitzen. Danach wurde die Bettwäsche gewechselt und nicht mehr soviel zugedeckt. Zum Bereiten von Fiebertee mischte sie Eibischblätter, Kardobenediktenkraut, Salbei und was weiß ich was noch alles. Allerdings war dieser Tee so grauslich, dass, wenn sie damit kam und ich ihn roch, es mir über dem Rücken hinunter gruselte. Da gab's kein Pardon, er musste getrunken werden, sie blieb solang stehen, bis das Häferl leer war. Zum Wegschütten hätte man keine Chance gehabt. Wenn wir uns weigerten zu trinken, sagte sie nur: „Das Unangenehme muss man mit dem Unangenehmen vertreiben."

Gegen den Durst gab's Holunder- oder Preiselbeerwasser zu trinken, das war uns viel lieber. Hatten wir Halsweh, bekamen wir auf einem

Stück Würfelzucker einige Tropfen Wacholderöl oder ab und zu einen Löffel Rothollersulze pur oder auch warme Preiselbeeren. Diese Hausmittel, gleich im Anfangsstadium eingesetzt, halfen rasch und sicher. Dazu packte man uns den Hals warm ein.

Alle diese Krankheiten wie Grippe, Masern, Schafblattern und Mumps machten wir Kinder ohne Arzt durch, Tabletten kannten wir überhaupt keine. Wenn's gar arg wurde, ging jemand zum Arzt in seine Ordination, erklärte ihm genau den Krankheitsverlauf und dieser mischte eine Medizin, die löffelweise zum Einnehmen war. Ich glaube, bei Großmutters Lungenentzündung wird auch eine Medizin geholfen haben, denn vom Hausbesuch eines Arztes ist mir nichts in Erinnerung.

Hatten wir Kinder Bauchweh, was gar nicht so selten vorkam, kochte oder buk uns die Großmutter ein Kräuteromelett, eine „Kräuterstraubm", wie sie sie nannte, und einen leichten Mischkaffee dazu. Für die Kräuterstraubm zerkleinerte sie getrockneten Majoran und Krauseminzeblätter, gab ein Ei, ein paar Löffel Milch oder Wasser, ein oder zwei Löffel Mehl, eine Prise Salz dazu, rührte dies zu einem Teigerl und buk es in einer Pfanne mit ganz wenig Butter auf beiden Seiten goldgelb. Alle anderen Speisen blieben weg, bis sich die Krankheit wieder gelegt hatte. Als Suppe kochte sie eine leichte Rahmsuppe mit Kümmel und zum Durstlöschen gab's Tee. Kräuterstraubm haben wir sehr gern gegessen. Der Kräutergeschmack sagte uns einfach zu.

Großmutters Gesundheitszustand hatte sich so weit gebessert, dass sie es sich nicht nehmen ließ, noch im selben Jahr an einer Wallfahrt teilzunehmen, welche auch heute noch jedes Jahr, wenn auch jetzt nicht mehr zur Gänze zu Fuß, um den 13.Oktober herum durchgeführt wird.

Weil dieser Wallfahrtsort, Maria Hilf am Mühlsteinboden bei St. Lambrecht, fünf Gehstunden von zuhause entfernt liegt, musste um drei Uhr Früh weggegangen werden. Am Wallfahrtsort wurde ein Gottesdienst gefeiert, hernach ausgiebig gerastet. Jeder Teilnehmer stärkte sich mit einer selbst mitgebrachten Jause. Neben der Kirche stand zu Großmutters Zeiten nur eine einfache Holzhütte, wo der

Besitzer der Kirche und des Hügels, auf dem sich die Kirche befindet, wenn's schon kaltes Wetter war, einen warmen Tee, ansonsten etwas Kaltes zum Trinken bereithielt.

Wie bei der Wallfahrt zur Kirche hin streckenweise gebetet wurde und wird, so wurde auch die Heimreise mit einem gemeinsamen Gebet von der Kirche weg begangen. Danach erneut der fünfstündige Fußmarsch, bis man spät am Abend wieder nach Hause kam. Das war eine gewaltige Leistung meiner Großmutter, nach dieser schweren Krankheit mit vierundsechzig Jahren.

Jetzt führt ein Güterweg auf dieses wunderschöne Berglein zum Kirchlein. Auch das Gebäude ist ausgebaut, damit zu solchen Anlässen reichhaltiger ausgeschenkt werden kann. Zudem ist dieser Ort ein wunderschönes Ausflugsziel mit herrlicher Fernsicht.

Ein Jahr darauf, 1939, erkrankte Großmutter wiederum. Diesmal wurde es schlimmer. Die Füße schwollen arg an, sie bekam nach und nach Herzanfälle, der ganze Kreislauf machte nimmer so richtig mit und sie kontrollierte ihre Füße selbst. „Ich habe die Wassersucht", hat's damals geheißen. Sie meinte dazu, wenn man mit dem Finger auf die Geschwulst drücke und es bliebe eine Grube, dann helfe nichts mehr. So war es bei der Großmutter und deshalb war sie, und das in voller geistiger Frische, auf das Schlimmste gefasst. Bewusst traf sie so manche Anordnungen, sie wünschte sich einen Priester zum Empfang der heiligen Sakramente, Beichte, Kommunion, und Krankenölung. Bis zum Schluss war Großmutter bei vollem Bewusstsein. Am 17. Juli 1939 starb unsere geliebte Großmutter mütterlicherseits.

Mit dem Tod der Großmutter hat sich viel, viel geändert. Großvater hat den Besitz seinem Sohn, meinem Onkel Franz, übergeben. Mutters Cousine Liesl zog mit den zwei Kindern weg und so blieben Großvater und Onkel mit uns zwei Schulmädchen übrig. Ich war ein bisschen über zwölf und meine Schwester Rosa knapp elf Jahre alt. Wir wurden von nun an noch mehr in die Arbeit eingebunden. Das Schweinefüttern wurde gänzlich mir übertragen. Das Melken beherrschte unser Onkel ausgezeichnet, doch auch ich musste es schön langsam erlernen. Zum Glück wohnten meine Eltern so nahe, dass Mutter fast jeden Tag kommen, Nachschau halten und Anweisungen geben konnte bei den Hausarbeiten. Allmählich lernte sie uns das Kochen, es war aber keine Dauerlösung, wir mussten ja noch zur Schule gehen. Außerdem fiel dazumal viel mehr Arbeit an, da alles händisch getätigt werden musste. Ich denke da nur wieder an das Wäschewaschen als ein Beispiel von vielen, welch enorme Zeit und Kraft das in Anspruch nahm.

Großvater

Mein Großvater mütterlicherseits hieß Lorenz. Ein „Hurra" war es für uns Kinder, wenn wir mit ihm auf die Alm mitgehen durften, zum Vieh nachschauen und Salz und Kraftfutter geben. Auf der Alm in der Nähe vom Vieh niedersitzen und Brot und Speck jausnen, das war ganz was Besonderes.

Unser Hauspferd hatte fast jedes Jahr ein Fohlen. Dieses wurde mitsamt dem Jungen auch auf die Alm aufgetrieben. Schon deswegen gingen wir gern mit, denn das Fohlen war unser Tierliebling. Auch an eine Kuh kann ich mich so gut erinnern, deretwegen ich bitterlich weinte, weil sie ihres Alters wegen verkauft werden musste. Ich musste nämlich schon sehr früh beim Pflügen mit den Kühen fahren, ich ging noch gar nicht in die Schule. Diese Kuh blieb immer sofort stehen, wenn ich zu Boden fiel und wartete, bis ich wieder aufstand.

Es war der 10. August, der Lorenzitag, ein heißer Sommertag. Weil mein Großvater seinen Namenstag ein wenig feiern wollte, entschloss er sich, mit uns Kindern eine Almpartie auf unseren Hausberg, den 2474 Meter hohen Greim, zu starten. Das war für uns Kinder wieder ein Freudentag. Bei dieser Gelegenheit hielt er wieder Nachschau bei unseren Rindern und Pferden, welche auch auf dieser Alm weideten. Den Aufstieg an diesem Tag habe ich nicht mehr so in Erinnerung. Erinnern kann ich mich nur mehr ganz gut daran, dass wir beim Gipfelkreuz ankamen und uns dort zum Rast machen und jausnen niedersetzten. Da brannte die Sonne so heiß hernieder, dass

Lorenz Staber, mein Großvater mütterlicherseits,
als Soldat im Ersten Weltkrieg

wir zusammenpacken mussten und bei einem großen Stein ein wenig Schatten suchten. Das ist eine Seltenheit, wenn auf einem so hohen Berg nicht das leiseste Lüftchen weht. Das habe ich kein zweites Mal erlebt in meinem langen Leben, wo ich doch so oft auf den Gipfel gewandert bin, fast jedes Jahr einmal, so lang ich konnte. Leider kann ich jetzt nur mehr mit Sehnsucht hinaufschauen.

Großvater, meine Eltern und wir Kinder,
frühe Vierzigerjahre

Sogar wenn Großvater auf der Wassermühle Getreide mahlte, blieben wir Kinder nicht zurück. Dabei durften wir sogar in der Nacht mit. Geschlafen haben wir zu viert im breiten Strohbett. Das war sehr lustig.

Bei der hauseigenen Wassermühle war ein kleines Stüberl für den Müller zum Schlafen angebaut. Dies war bei allen Wassermühlen in der ganzen Umgebung so, denn das Mahlen erstreckte sich öfters im Jahr über mehrere Tage. Das waren die so genannten Mühlstüberl, die mit einem Strohbett, einem kleinen Tischchen, einem Hockerl zum Sitzen, einem Holzstock, auf dem man zugleich sitzen und auch Holz zerkleinern konnte, ausgestattet waren. Ein kleiner Ofen zum Einheizen durfte auch nicht fehlen.

Beim Brotgetreidemahlen musste intensiv aufgepasst werden, in der Nacht genauso wie bei Tag. Es musste immer wieder aufgeschüttet werden in den „Gossen“. Damit der Müller dazwischen ein wenig schlafen konnte, wurde eine Glocke montiert. Diese fing an zu läuten, wenn der Gossen leer wurde. Dann musste neuerlich aufgeschüttet werden, so oft, bis das Mehl von der Schale heraußen war. Beim letzten Mahlvorgang war das Mehl schon sehr dunkel und wurde je nach der zur Verfügung stehenden Menge an Getreide entweder zum Backen verwendet oder sonst an die Schweine verfüttert. Auf diese Weise wurde auf der betriebseigenen Mühle nicht nur Roggen für Brot sondern auch Weizen für Weißbrot und Mehl zum Kochen vermahlen. Dazu kamen auch noch Hafer und Gerste zu Futterzwecken, für Rinder als Kraftfutter und als Zusatz zu den Erdäpfeln bei der Schweinemast.

Der eigentliche Grund, warum wir gern mitgingen, war jener: Großvater bekam eine Kanne Kaffee und Brot mit, zur Jause in der Nacht. Brot und Kaffee gab’s deswegen, weil, wie schon erwähnt, beim Brotgetreidemahlen nachts zum Nachschütten so oft aufgestanden werden musste. So um Mitternacht herum machte Großvater den Kaffee auf dem kleinen Eisenöferl, welches auch das Mühlstüberl erwärmte, heiß, brockte Brot ein und da durften wir in der Nacht mit ihm mitessen. Das war für uns etwas ganz Besonderes, denn Kaffee gab’s ja höchstens sonntags und auch da nicht immer. Obwohl damals ganz einfach gekocht wurde, wuchsen wir Kinder alle gesund auf und brauchten nie Hunger leiden. Das danke ich meinen Großeltern und Eltern, solange ich lebe.

Als Kind kam ich mit meinem Großvater auch manchmal beim alten Totengräber Pfeifenberger vorbei. Fast jedes Mal am Allerheiligentag waren wir dort. Er wohnte mit seiner Frau und den Kindern in einem ganz kleinen, alten, bescheidenen Holzhäuschen. Weil Großvater am Vormittag den Gottesdienst nicht ausließ und am Nachmittag um zwei Uhr die Gräbersegnung auch mitfeiern wollte, war es unmöglich, inzwischen heimzugehen und wieder hin. Er nahm ein Stück geselchtes Fleisch und Brot mit und ließ es bei der Frau vom Totengräber kochen. Diese richtete uns die Suppe in einer Schüssel, wie es damals Brauch war, mit dem Brot dazu. Auch zum Fleisch gab es Brot. So aßen wir dann gemeinsam und waren satt. Um in ein Gasthaus essen zu gehen, hätte das Geld nicht gereicht. Blieb danach noch Zeit, unternahm Großvater mit uns Kindern so manches. Er war immer bedacht, dass uns nicht langweilig wurde. Einmal, und das ist mir auch noch gut in Erinnerung, bat er den Messner, dass er uns in den Turm zu den Glocken steigen ließ. Und das war genau um zwölf Uhr. Da war Großvater mit uns ganz bei den Glocken beim Zwölfuhrläuten. An hohen Festtagen wurde damals zu Mittag mit allen Glocken geläutet. Das war ein Erlebnis für uns Kinder. Wir hatten ein wunderschönes Kirchengeläut, fünf Glocken mit herrlichem Klang. Wie erzählt wurde, hatte der Pfarrer, welcher dieses Geläut angeschafft hatte, in der ganzen Pfarre Edelmetalle gesammelt, diese in die Gießerei bringen lassen und er selber blieb daneben, damit es wohl sicher dazu geschmolzen wurde. Um diese Glocken haben viele Menschen bitterlich geweint, als sie im zweiten Weltkrieg heruntergenommen wurden zum Kriegführen. Hat den Nazis kein Glück gebracht, das Kriegführen mit den Kirchenglocken.

Der Totengräber Herr Pfeifenberger hat halt, wie viele andere auch, ein ziemlich karges Leben geführt. So wurde er des Öfteren gefragt, manchmal auch schon ein bisschen aus Bosheit: „Na wie geht es Dir?“ „Momentan nicht gar so gut, ist schon länger niemand gestorben.“ Um sein Einkommen ein wenig aufzubessern, hat er im Advent viele Familien mit Tannenreisig versorgt. Dieses brauchte man, um für die Weihnachtszeit, den Herrgottswinkel zu dekorieren, wo dann das Weihnachtskripperl aufgestellt wurde.

Mein Großvater war eine Zeit lang Mitglied beim Aufsichtsrat der Raiffeisenkasse. Weil wir mit Großvater immer gern mitgingen, wollten wir auch beim Kirchen gehen nicht zurückbleiben. Die Kassasitzungen fanden damals immer nach Kirchzeit statt. Der Sonntagsgottesdienst war zu jener Zeit für jedermann eine Selbstverständlichkeit. Als Ausnahmen galten Krankheit, Kochen, Kranken-

Meine Mutter als Glockenpatin bei der Glockenweihe,
Ende der Vierzigerjahre

betreuung, eine Geburt im Stall, Betreuung und Beaufsichtigung von kleinen Kindern und Babys. Sobald Kinder den Strapazen des weiten Kirchwegs gewachsen waren, gingen sie natürlich mit. Von meinem Heimathaus war es eine gute Stunde zur Kirche. Als Kinder waren wir im Zufußgehen schon so sehr trainiert, dass wir wegen einigen Stunden Fußmarsch gar nicht müde wurden.

Termine und andere Verlautbarungen wurden damals einfach mündlich verkündet, so auch die Kassasitzung. Bei der Eingangstür vom damaligen Raiffeisenkassenraum befand sich eine größere Terrasse. Dort hinauf stellte sich ein Mann mit guter Stimme, in diesem Fall der Obmann oder der Geschäftsführer der Kassa. Sobald die Leute nach dem Gottesdienst von der Kirche kamen und den Marktplatz füllten, warteten alle gespannt, wenn sie auf der Terrasse einen Mann stehen sahen. So sagten die Leute zueinander: „Heute wird wieder was ausgeschrien“. Der Obmann rief laut: „Aufgepasst, heute ist Kassasitzung. Alle Mitglieder vom Vorstand und Aufsichtsrat mögen sich sogleich im Kassaraum einfinden.“ Solche und ähnliche Verlautbarungen funktionierten damals tadellos.

So, und nun blieb meinem Großvater nichts anderes übrig, als dass er mich zur Sitzung mitnahm. Zuerst setzte er mich auf seinen Schoß, dann brachte ein Mann auch für mich einen eigenen Sessel, die anderen Herren rückten ein wenig zusammen, so dass ich neben Großvater sitzen konnte. Ich weiß es nicht genau, aber ich muss wohl erst ein paar Jahre alt gewesen sein, weil ich mich überhaupt an nichts erinnern kann, was gesprochen und geredet wurde, nur daran, dass ich wohl ein ganz komisches Gefühl gehabt habe, als einziges Kind, noch dazu als weibliches, zwischen so vielen Herren zu sitzen.

Zu den Kirchtagen ging mein Großvater mütterlicherseits, so lange er konnte, ganz gerne und nahm auch uns Kinder, besonders mich, mit. Er hatte auch immer ein Sackerl Zuckerl für uns in seiner Truhe und wenn wir so halbwegs brav waren, bekamen wir davon, allerdings in bescheidener Menge. Zu den Kirchtagen gab es zusätzliche außergewöhnliche Sachen wie Schokolade, Lebzelten und, was man jetzt nirgends mehr sieht, Bockshörner (Johannisbrot), welche wir gar nicht so ungern aßen. Von denen gab es haufenweise auf den Standln. In den Geschäften bekam man damals auch Bockshornmehl zu kaufen, welches statt Mohn mit Rosinen und Weinbeeren zum Füllen von Weißbrot verwendet wurde. Es war eine Südfrucht. Man hörte aber seit dem Krieg und auch nachher nie wieder was davon. Bei den Herbstkirchtagen gab es auch damals schon die so genannten „Kästenbrater", das waren Kastanienbrater. Da hatte ich auch einmal ein unangenehmes Erlebnis. Mein Großvater war sehr gesprächig und gesellig. Bei den Kirchtagen wurden zugleich auch die Viehmärkte abgehalten oder umgekehrt zu den Viehmärkten die vielen Standln. Doppelt hat es immer viele Menschen angezogen. Mein Großvater traf einen Cousin von ihm und unterhielt sich mit ihm längere Zeit. Wahrscheinlich hat Großvaters Cousin erkannt, dass mir langweilig wurde. Der alte Peryvater, ein gutmütiger Mensch, wollte mir etwas zukommen lassen. Er kaufte mir ein Sackerl gebratener Kastanien. Mir war schrecklich zumute, ich mochte als Kind Kastanien auf keinen Fall. Ich getraute mich aber nicht, etwas zu sagen, so ging ich mit dem Sackerl in den Händen und schaute mit Wehmut auf die Standl, wo die Sachen waren, welche mir zusagten: Schokolade, Zuckerstangerl, Schokostangerl, Schokobusserl. Kokosstangerl und Busserl hatte ich leidenschaftlich gern und was man fast auf jedem Stand sah, war ein riesiger Stock „Türkischer Honig", so nannten sie ihn. Türkischer Honig wurde uns eigentlich nie gekauft, da er für nicht gesund gehalten wurde, eher bekamen wir echten Honig, wenn auch nur Fladenhonig, welchen wir samt dem Wachs aufs Butterbrot gestrichen bekamen. Das Wachs störte uns überhaupt nicht und hat uns auch gesundheitlich nicht geschadet. Wir aßen ihn einfach gern. Wie sich Großvater und sein Cousin wieder voneinander entfernten, jeder wieder seiner Wege ging, und Großvater sich wieder mehr mit mir befasste, brach ich in Tränen aus. Großvater verstand mich und damit ich mich beruhigte, kaufte er mir etwas anderes. Weil Großvater drauf aus war, uns Kinder alles ausprobieren und kosten zu lassen, kaufte er uns auf einem Kirchtag Met zum Kosten, allerdings nur eine ganz kleine Menge. Der hat uns sehr gut geschmeckt, er war nur ein bissl stark, hatten wir festgestellt. Des guten Geschmacks wegen hätten wir aber mehr vertragen. Um welches Produkt es sich beim Met handelte, davon hatten wir damals keine Ahnung.

Weiters gab es damals auch Standln mit verschiedenen Kleinartikeln, welche dringend gebraucht wurden, wie zum Beispiel Kämme, Haarnadeln, Haarspangerl, Zwirn zum Hand- und Maschinennähen, Nähnadeln, Maschinennadeln, Schuhbandln, Einziehgummi, breiten Strumpfbandgummi. Wir kannten bis nach dem Krieg keinen Strumpfgürtel und es gab auch keine Strumpfhosen, nur längere bis zum Knie reichende Unterhosen. Die Strümpfe mussten wir entweder unter dem Knie oder knapp ober dem Knie mit breitem Gummi festhalten.

Auch gab es Köperbandl, eigene Bandl für „Gattihosen“ (lange Männerunterhosen). Zur damaligen Zeit gab es keine Trikothosen, weder für Frauen, noch für Männer. Frauenunterhosen waren aus einfachem Baumwollstoff und für den Winter aus Flanell, für Männerunterhosen gab es einen gewissen Gradlstoff, wie er hieß, für den Sommer einen einfachen und für den Winter Barchentgradl. Statt Gummi wurde bei den Herrenunterhosen ein Bandl eingezogen, welches auf die gewünschte Weite vorne zusammengebunden wurde.

Dazu gab's einfache Spielsachen für Kinder: Schwarzpeter-Karten, Mundharmonikas, verschiedene Pfeiferl und so manches andere, unter Umständen auch kleine Pferdchen und Püppchen. So einen Spielzeugkram, wie zur jetzigen Zeit, hat es zu dieser Zeit überhaupt nicht gegeben.

Wenn ich jetzt meine Enkerl betrachte, wenn sie trotz des vielen Fernsehens und der Unmenge an schönem Spielzeug jammern, „was sollen wir tun, was sollen wir spielen?“, da denke ich wieder gern an unsere Kinderzeit zurück. Langeweile kannte ich in meinem ganzen Leben nie. Auch wenn wir nicht so viele Schulaufgaben hatten, wie die Kinder heute, so gab's doch genügend Beschäftigung. Zum Spielen hatte uns Großvater ein paar hölzerne Pferde mit dazugehörigen Wägelchen zugeschnitzt und schon ging es los mit dem Einführen von Futter und Heu oder dem Hin- und Herführen von Erde und Sand.

Irgendwo an der Stallmauer, womöglich ein wenig unter Dach, legten wir mit zusammengesetzten Spreißeln oder Stecken einen Stall. Darin hielten wir unsere Spieltiere. Große Fichtenzapfen waren Kühe und Ochsen, kleinere Kälber. Eine gekaufte Puppe hatten wir nie, dazu hat das Geld nicht gereicht. Doch weil ich und meine Schwester Rosa leidenschaftlich gerne Handarbeiten getätigt haben, hatten wir uns selbst auf die bescheidenste Art ein paar Püppchen zusammengebastelt. Wir suchten ein paar Rasenschöpfe mit ganz feinen Wurzeln, diese wuschen wir sauber aus. Das waren die Haare, die sich frisieren ließen und die wir auch zu Zöpfchen flechten konnten, so wie es damals Mode war. Das Gras umwickelten wir mit einem kräftigten Faden zu einem Rumpf und steckten ein paar passende Ästchen hinein, das waren die Füße. Für die Hände machten wir Stoffröllchen, die wir an den Rumpf nähten und schon ging es ans Schneidern. Wir nähten Kleidchen, Schürzchen, Bluserl, Hemdchen und Mäntelchen. Stoffrestchen gab's damals genug, da ja Schneider, Näherin und Schuhmacher ins Haus auf die Stör kamen.

Auf die Stör kam auch der Weber, der das Hausleinen für Bett und Tischwäsche und auch für Handtücher webte. Aus dem feineren, selbst gesponnenen und handgewebten Hausleinen wurden zur damaligen Zeit einzeln sogar Hemden genäht. Weiters wurde damals auch Schafwolle händisch gesponnen zu Loden gewebt und gewalkt. Daraus nähte der Schneider, auch meistens auf Hausstör, Hosen und Joppen für Männer. Das war eine gesunde, Wasser abstoßende Kleidung zum Fuhrwerken im Winter, bei Wind, Schnee und Kälte.

Ein Vergnügen war für uns im Winter das Schlittenfahren. Gerade die klirrende Kälte war das idealste Wetter für das Schlittenfuhrwerken. Gerührt und mit Wehmut denke ich zurück an die Zeit, wo man von allen Seiten her die wunderschönen Geläute von den Pferdeschlittenfuhrwerken hörte. Jedes Pferdefuhrwerk musste mit irgendeiner Glocke versehen sein. Das hatte den Sinn, das rechtzeitige Ausweichen zu ermöglichen. Die Wege waren teilweise sehr eng und die Pferde kamen manchmal ganz schön schnell daher. So waren Kinder und ältere Leute, die auch oft schon schlechter hörten und die zu Fuß unterwegs waren, in Gefahr. Für die Pferde gab's verschiedene Geläute, zum Beispiel Schellen, dann das sogenannte Engelsgeläute – auf einen Metallbogen waren kleine flache Glöckchen befestigt, je eines mit drei kugeligen Bimmelchen. Diese waren für bessere Ausfahrten bestimmt, für Sonntage, zum in die Stadt fahren und natürlich für Hochzeiten. Zu Hochzeiten wurde in unserer Gegend zu jener Zeit nur mit Pferden gefahren, da ja auf den Berg in unsere Gemeinde keine Straße heraufführte. Zum Holzfuhrwerken gab's auf einen breiten Lederriemen zwei Metallglocken, die auf den Ton abgestimmt und auf dem Riemen befestigt waren. Natürlich brauchte man ein Geläut nur im Winter bei Schlittenfahrt, nicht aber im Sommer.

Onkel Franzl hatte für uns drei einen stabilen Schlitten angefertigt, mit dem wir alle drei in die Schule fahren konnten. Heimwärts war er halt zum Ziehen. Schlittschuhe hatte nur ein Bub meines Alters, das war ein Sohn vom Wirt, der hatte die Schlittschuhe von Gästen bekommen. Ein Sohn hatte Schlittschuhe bekommen. Söhne waren in dieser Familie fünf. Die anderen vier hatten das Nachsehen. Aber das war halt einmal so. Verzichten lernten wir schon vom Kleinkindalter an. Da denke ich an die Farbstifte. Wie sehr sehnte ich mich nach einer Schachtel mit zwölf Farbstiften und später nach Wasserfarben, wie sie andere Kinder hatten. Ich bekam in meiner ganzen Schulzeit nie mehr als die sechs Hauptfarben, weder bei den Stift-, noch bei den Wasserfarben. Für Bücher und Hefte, die vorgeschrieben waren, bekamen wir von daheim anstandslos das Geld dafür. „Nur nichts Unnötiges“, hat es immer geheißen. Mutter fragte sogar den Lehrer, ob mehr Farben notwendig wären. Dieser bestätigte, dass die vorhandenen reichen würden. Eigentlich war ich im späteren Leben für diese sparsame Erziehung sehr dankbar. Ich beneidete Menschen, die mehr hatten nie, ich freute mich immer über jeden Erfolg, auch über den kleinsten.

Es war im Juni 1943 bei der Heumahd. Mein Vater mähte voraus, dann mein Bruder Michael, hintendrein mähte Großvater, so wurde es meistens eingeteilt. Ich streute das Futter auseinander. Ich weiß heute die Stelle noch genau. Großvater rief nach mir und sagte: „Nimm du die Sense und mäh weiter, ich kann nimmer.“ Er ging weg und weinte. Er kämpfte mit der Luft beim Mähen. Er ging dann hauswärts und legte sich ein wenig hin. Von da an war ich auch zum Mähen eingeteilt, meine Schwester zum Anstreuen. Mit Großvaters Sense habe ich einige Sommer gemäht, solange sie brauchbar war.

Großvater bat nun meinen Vater, er möge ihm in der angrenzenden Kuhweide einige Erlen umschneiden, er tät ein wenig Erlenstreu hacken, dies würde leichter gehen als das schwere Futtermähen. Vater erfüllte ihm den Wunsch, schnitt einige Erlen nieder und richtete einen Hackbaum zurecht, auf dem Großvater die Erlenäste klein hackte zur Einstreu. Ein paar Wochen fühlte er sich glücklich bei dieser Arbeit. Weil aber Großvater beim Bergaufgehen immer öfter stehen bleiben musste, ließ Mutter den Arzt kommen. Als der Arzt mit der Untersuchung fertig war, zog er die Mutter vom Bett weg zur Seite und sagte ihr heimlich: „In der Brust hat sich Wasser angesammelt. Wenn er das Wasser im Bauch oder in den Füßen hätte, könnte ich ihm helfen, aber von der Brust krieg ich es nicht weg. Über kurz oder lang müsst ihr mit dem Schlimmsten rechnen." In den Vierziger- und auch in den Fünfzigerjahren gab es bei der Brustwassersucht noch keine Hilfe. Großvaters Zustand verschlechterte sich täglich, er kam nimmer aus dem Bett und starb dann schon im August 1943. Um Großvater trauerten wir alle sehr. Er war ein strenger, aber auch sehr gutmütiger Mann, der trotz seines Aufgelegtseins zu Späßen uns Kinder immer sehr ernst nahm.

Mein Geburtshaus

Bis zum Herbst 1945 hatten wir bei meinem Heimathaus eine Rauchkuchl. Zum Kochen auf der offenen Flamme waren nur Eisenpfannen und Eisenhäfen geeignet, unter Umständen auch ein kräftiger Email-Topf. Der offene Herd war seitlich aufgemauert, drüber befand sich die Heizstelle, die im Allgemeinen aus einer Stahl- oder einer geschliffenen Steinplatte bestand. Unterhalb in der Mitte war ein Hohlraum, wo das Holz griffbereit zum Nachheizen gelagert wurde. Weil bei meinem Heimathaus die Küche kein gemauertes Gewölbe hatte, war über dem Herd ein kunstvolles Mauerwerk angebracht, „Kogl" wurde dieses genannt. Mir wurde erklärt, dass es so sehr mit Eisen verspreizt worden war, damit es nicht herunter brach. So ein Mauerwerk war notwendig wegen der Feuergefahr. Es sprangen ja doch oft Funken in die Höhe.

Abhängig davon, was gekocht wurde, wurde etwa eine Pfanne mit drei Füßen und langem Stiel über das Feuer drübergestellt. Hauptsächlich geschah das zum Milch- und Schmarrenkochen oder auch zum Butter- und Schweineschmalzauslassen. Da musste beim Heizen schon ganz gut aufgepasst werden, dass kein Brand entstand. Eine Person musste dabei beim Herde stehen bleiben. Zum Kochen von Fleisch, Erdäpfel, Kraut oder rote Rüben wurden die Häfen rundherum seitlich zum Feuer gestellt.

In der gegenüberliegenden Ecke vom offenen Herd befand sich der Kamin mit sehr weitem Rauchabzug. Wenn man abends durch den Kamin in die Höhe schaute, konnte man die Sterne sehen. Zum Rußkehren wurde kein Rauchfangkehrer benötigt. Diese Arbeit wurde von den hauseigenen Personen getätigt. Dazu wurde ein Fichtenbäumchen, welches in der Mitte eines langen Stricks befestigt wurde, von 2 Personen durch den Kamin auf- und abgezogen. Eine Person musste dazu über das Dach mittels einer Leiter auf den Kamin steigen und den Strick samt Bäumchen durch den Kamin hinuntergleiten lassen. Das Bäumchen wurde in einer Größe gewählt, dass es ein wenig schwer zum Durchziehen ging, damit es den Ruß restlos wegnahm. Oder es stieg eine Person über eine Leiter durch den Kamin und kehrte den Ruß mit einem steifen Besen herunter. Kamine waren seinerzeit mit so weiten Rauchabzügen gemauert, dass ein Einsteigen mittels einer Leiter in den Kamin möglich war. Was mich wieder an mein erstes Lesebuch aus meiner Volksschulzeit erinnert, wo der Rauchfangkehrer als schwarzrußiger Mann mit Besen und einer Leiter dargestellt war. Auch von den Innenwänden in der Küche wurde der Ruß von Zeit zu Zeit sowie beim Oster- und Weihnachtsputz mit einem steifen Birkenbesen heruntergekehrt.

An der Decke befand sich ein großes Gerüst zum Fleischaufhängen fürs Selchen. Dieses Selchen ging sehr langsam, weil nur ganz wenig kalter Rauch ganz langsam durchzog. Das Geselchte war aber sehr gut zum Essen. So war die Küche auch noch zugleich Selchkammer.

Bei Hochdruckwetter war es zum Aushalten, aber wenn die Luft niederdrückte, war es ganz schlimm, wenn es den Rauch durch den Kamin nicht in die Höhe ließ. Da mussten wir, wenn der Rauch bis zum Boden stand, die Türen öffnen, auch jene, die ins Freie ging, egal ob Sommer oder Winter. Überhaupt war die Tür ins Freie nur eine einfache und auch gar nicht dicht und noch dazu nördlich. Wenn es im Winter arg wehte, wehte es bei der Kluft unterhalb der Tür in die Küche herein. Beim Kochen ging's ja so halbwegs, weil man ein bissel Bewegung hatte. Es stand aber auch ein Schnapsbrennofen in der Küche und wie es damals so war, war das Schnapsbrennen aus steuerlichen Gründen durchgehend Tag und Nacht vorgeschrieben.

Weil es beim Brennen nicht so stark zum Heizen war und die Nächte kälter waren als die Tage, haben die Menschen beim Schnapsbrennen in der Nacht Filzpatschen und einen dicken Mantel angezogen. Der Plafond und die Wände bis zur Hälfte herunter waren mit einer schwarzen, harten, glänzenden Rußschicht überzogen. Um ein bisschen Licht in den Raum zu bringen, haben wir die untere Hälfte der Wände, besser gesagt die Mauer, ab und zu mit einer Kalkbrühe angeweißt. In der Küche wurde nur gekocht. Gegessen und gewohnt haben wir in der großen Wohnstube. Diese war über einen Kachelofen, welcher von der Küche aus heizbar war und auch zum Brotbacken diente, gut und wohlig zu beheizen. Der Kachelofen war so angebracht, dass er durch die Mauer ins „Stübl", wie wir sagten, durchreichte und dieses auch zugleich erwärmte. In diesem Stüberl schliefen meine Großeltern und wir Mädchen. Bruder Michael schlief bei der Mutter, im Winter in der Wohnstube und im Sommer in der Kachelstube, wie sie hieß. Es stand wohl ein Kachelofen drin, er war aber unbrauchbar.

Weil diese Stube steingemauerte Wände hatte und nicht heizbar war, wäre dort im Winter ein Schlafen unmöglich gewesen. Onkel Franzl schlief oberhalb der Wohnstube in der Kammer, die auch nicht heizbar war. Sie hatte aber Holzwände und über dem Kachelofen war ein viereckiges Loch mit ungefähr achtzehn mal achtzehn Zentimeter. Diese Kammer wurde vom Kachelofen durch das Loch erwärmt. Das war zum Schlafen angenehm warm. Wenn die Wärme vom Ofen nicht notwendig war, konnte das Loch mit einem Holzbeil verschlossen werden.

Die Tür nördlich von der Küche, welche ins Freie führte, wurde wegen dem Zugang zum Stall viel mehr benützt als die südliche. Auch das Klo war an der Außenseite vom Haus. Ein zweites Klo im Obergeschoß war am Ende vom Balkon angebracht und über diesen zugänglich. Im Hausinneren gab's kein Klo. Ob Sommer oder Winter, zum Klogehen musste man an die frische Luft.

Bei der südlichen Haustür waren einige Stufen Aufgang und ein kleines Podest. Um das Podest herum war eine Mauer in Sitzhöhe, wo wir uns bei schönem Wetter, hauptsächlich im Winter, hinaussetzten und die Sonne genossen (s. Foto S. 13).

Über der Küche war eigentlich schon der Dachraum, der sich über die ganze Hauslänge erstreckt. Die Decke über der Küche war aus massiven Holzpfosten, so achtzehn bis zwanzig Zentimeter dick, unterhalb waren Stuckaturmatten draufgenagelt und verputzt. Das Ganze war mit einer glänzend schwarzen Rußschicht überzogen. Über der Küche, der Speisekammer und dem kleinen Stübl, also über die gesamte Hauslänge, befand sich ein Bastelraum oder, wie immer gesagt wurde, die „Zeughütte", wo auch eine Hobelbank und ein Holzstock aufgestellt waren (s. Foto S. 12). Sämtliches Werkzeug, das zum Basteln, zum Anfertigen von Gabeln, Schaufeln und Sappelstielen gebraucht wurde, war an der Wand geordnet angebracht. Da gab es Stemmeisen, Feilen verschiedener Größe, Raspeln und mehrere Roafmesser. Ein Roafstuhl stand in diesem Raum, welcher zum Einspannen verschiedener Sachen benötigt wurde, die mit dem Roafmesser fein säuberlich zugeschabt werden mussten. Dann waren da die vielen Handhobel, ganz große, mittlere und kleine. Es gab ja zu dieser Zeit noch keine Hobelmaschine. Da kann ich mich als kleines Kind erinnern, ich habe bei dieser Arbeit zugeschaut, wie die Holzwand beim kleinen Stübl erneuert werden musste. Die neuen Wandbäume wurden mit so einem großen Hobel gehobelt, welcher von zwei Männern betätigt werden musste. Zeugholz und vieles mehr, was so zum Werken gebraucht wurde und griffbereit sein musste, war in diesem Raum, dessen Zugang von außen über eine Stiege erfolgt, zu der wir „Zeughüttenstiege" sagten, gelagert.

Mit meinen Geschwistern im Garten vor meinem Geburtshaus:
Peter (*1941), Anna (*1938), Rosa (*1928), Michael (*1929), ich (*1927)

Einleger

Einleger waren jene Menschen, welche ihr Leben lang Dienstboten waren, so lange sie arbeiten konnten und kein Zuhause hatten. Weil es damals keine Altenheime gab, nur ganz wenige Armenhäuser und diese hauptsächlich für Behinderte, mussten alte Dienstboten ins „Quartier", wie es hieß. Solche habe ich noch drei gekannt.

Von der Gemeinde war dies je nach Besitzgröße genau eingeteilt. Bei meinem Heimatbetrieb, wo ich auf die Welt gekommen bin, musste jeder Einleger im Jahr fünf Tage versorgt werden. Solange sie irgendwie konnten, wurden sie von Betrieb zu Betrieb gebracht oder mussten samt ihren paar Habseligkeiten abgeholt werden. Am besten kann ich mich an die „Quartier-Sefa" erinnern. Diese Frau ging mit zwei Krücken. Ihre Habseligkeiten hatte sie in ein paar Jutesäcken verpackt. In der Wohnstube hatte sie schon immer ihren eigenen Platz, wo sie saß. Da war ein kleines Tischchen, wo sie aß und zwischendurch oft ihre Sachen ausbreitete. Auffallend an dieser Frau war nur, dass sie fürchterlich fluchen und schimpfen konnte. Wir Kinder hatten so Angst von ihr, dass wir einen weiten Bogen machten, wenn wir vorbei mussten, da sie uns immer mit den Stöcken drohte. Warum sie mit den Stöcken immer so auszog, wussten wir nie, ich kann mich nicht erinnern, dass wir sie je gehänselt hätten. Das hätte unsere Mutter und die Großeltern uns Kindern nicht zugelassen. Wahrscheinlich ist es diesen armen Menschen doch manchmal passiert, dass sie geneckt und verspottet wurden.

Ein anderer Einleger war der Quartier-Lipp, der von Haus zu Haus ging. Wo es gewünscht war, dort brannte er Boasalbe (Knochensalbe). Dazu verwendete er zwei Tonhäfen mit einem Siebeinsatz, so ähnlich wie heute die Entsafter ausschauen, mit einem Sturz drüber. Diese zwei Häfen hat er halb im Boden eingegraben, in den Siebeinsatz die von den Besitzern gesammelten Knochen hineingelegt und den Tonsturz als Deckel drübergegeben. Rund herum hat er eine Rille gemacht und darin ein Feuer angezündet. Dann hat er tagelang geheizt und die Salbe ist von den Knochen durch das Sieb durchgeronnen. Dann hat er die heiße Salbe, die ganz schwarz und flüssig war, in bereitgestellte Aufbewahrungsgefäße ausgeleert. Wenn sie dann kalt war, wurde die Salbe zähflüssig, blieb aber streichfähig. Diese Salbe wurde zur Fliegenabwehr sowie als Wundsalbe für schwer heilende Wunden bei Tieren verwendet. Man musste aber aufpassen, dass er die ganze Salbe ausleerte, weil er Reste nämlich teuer verkaufen konnte. Nicht selten haben auch kranke Menschen diese Salbe verwendet. So hat zum Beispiel eine Frau, deren Mann eine Krebserkrankung überstanden hat, zu meinem Vater einmal gesagt: „So lang hat mein Mandl Boasalbe gegessen, bis er wieder gesund geworden ist." Meine Mutter hat auch noch einen Nachbarn gekannt, der Nasenkrebs gehabt hat, der auch mit der Boasalbe wieder geheilt worden sein soll.

Erinnern kann ich mich auch noch gut an den Einleger Kasperle. Dieser war ein unauffälliger, lieber Mann. Solange er noch gehen konnte, kam er immer schon ein paar Tage vorher vom Nachbarbetrieb herüber, schauen, ob wohl Holz zum Holzmachen für ihn hergerichtet war, hauptsächlich zum Brügel hacken. So wurden für ihn halt kleinere Äste zum Kleinhacken hergerichtet. Er hatte ja so gern etwas gearbeitet. Weil seine Kräfte zum Brügel hacken nicht mehr reichten, bat er, ob er Futterrüben klein schneiden dürfte. Dies wurde ihm natürlich gewährt. Da seine Kräfte für diese Arbeit auch nimmer reichten, meinte er, die Rüben wären gefroren. So hat er die Rüben auf den Kachelofen zum Auftauen gelegt. Sie waren aber in keiner Weise gefroren, er war dazu schon zu schwach.

Dieser Einleger oder auch „Quartierer", wie die Einleger bei uns hießen, kam dann nur noch zu einigen Betrieben, wo er dann krank wurde und starb. Wie das war, wenn diese Menschen bettlägerig wurden und nicht mehr transportfähig waren, ist mit nicht bekannt. Dazu war ich damals zu jung, dass mich das gekümmert hätte, es hat mich sicher nicht alles gleich interessiert. Wahrscheinlich hat die Gemeinde jenen Besitzer dafür etwas bezahlt, eher ist aber anzunehmen, dass sie ins Armenhaus überführt wurden, wo sie von den geistlichen Schwestern gepflegt wurden.

Bettler, Hausierer und Wanderhandwerker

Außer den Bettlern, welche zu meiner Kinderzeit vor dem Zweiten Weltkrieg zahlreich unterwegs waren und um etwas Essbares oder um Geld bettelten, waren auch nützliche Hausierer unterwegs. Das waren die Korbflechter, Reitertrager, „Bosniaken“, Scherenschleifer und manchmal auch Personen, welche für irgendeine Firma von Haus zu Haus gingen und Bettwäsche anboten. Auch kannte ich einen Schmied, welcher umherging, David hieß er, den Schreibnamen weiß ich nicht, er wurde nur immer mit seinem Vornamen angesprochen. Er war ein lieber, guter Mensch und tüchtig in seinem Beruf.

Eine Hausschmiede gab's bei vielen Betrieben. Auch bei meinem Heimathaus gab's eine solche, mit sehr vielen Werkzeugen, Zangen, Hämmer, Meisel, mit Werkzeugen zum Beschlagen der Pferde. Es ist ja zu dieser Zeit beim Fuhrwerken viel kaputt gegangen. Ketten rissen, Schlitten und Wagen, Wagenräder. Die Hufeisen der Pferde mussten im Winter öfters geschärft werden. Auch Ochsen wurden im Winter zum Fuhrwerken mit scharfen Eisenplatten beschlagen. Es fiel viel Schmiedearbeit an. So kam dieser Wanderschmied David hin und wieder, blieb einige Tage, so lange, bis er alle Reparaturarbeiten erledigt hatte, auch das Pferdebeschlagen, er schmiedete zudem manch Neues auf unserer Hausschmiede. Wenn David kam, freuten wir Kinder uns sehr. Er hatte immer eine Ziehharmonika mit und am Abend, wenn es für seine Arbeit zu finster wurde, spielte er in der Stube auf. Musik hören war für uns was ganz Besonderes, da es zu unserer Kinderzeit noch lange kein Radio gab. Weil mein Onkel Franzl handwerklich begabt war und mit dem Wanderschmied mitarbeitete, konnte er so manches erlernen. Auch das Pferdebeschlagen hatte er erlernt und fortan beschlug er das Pferd immer selbst. Die Ausstattung der Schmiede faszinierte mich und auch meine Geschwister sehr. An den Wänden entlang hingen die Zangen und Werkzeuge, welche sich aufhängen ließen, andere Sachen wie Feilen, Raspeln und solches Zeug, welches nicht aufgehängt werden konnte, lag auf einer großen Holzbank. Ein großer, gemauerter Herd stand in einer Ecke, in der Mitte war eine tiefe Grube für die Kohle. An der linken Seite vom Herd war der große Blasebalg angebracht, welcher durch Treten mit dem Fuß in Funktion gesetzt werden konnte. Vom Blasebalg führte ein Zug durch die Mauer zum unteren Ende der Kohlegrube. In den Kohlenhaufen wurden die zu bearbeitenden Eisenstücke gesteckt. Unter diesem wurde Feuer gemacht und durch Betätigen des Blasebalgs wurde die Kohle samt Eisen rasch zum Glühen gebracht. So ließ sich das glühende rote Eisen auf dem großen Ambos in die gewünschten Formen klopfen. Das Eisen musste inzwischen manchmal wieder glühend gemacht werden, so lange, bis das Stück fertig war. Wenn das Eisen nicht rot glühte, ließ es sich nicht klopfen. Schmiedearbeit fiel zu dieser Zeit sehr viel an. Pferdeschlitten zum Fuhrwerken, Mistschlitten, Wägen und Karren, Wagenräder, Deichseln und Anzen, wo die Tiere eingespannt wurden, Jöcher zum „Einwetten“ (einspannen, zusammenspannen) der Tiere, dies alles brauchte einen Eisenbeschlag. Wie viel dieser Wanderschmied David an Entlohnung verlangte, weiß ich nicht, jedenfalls wird er bescheiden gewesen sein und er konnte diese Tage über bei uns schlafen und wurde verköstigt. Jedenfalls, wenn er in unsere Gegend kam, hatte er rundum viel Arbeit. Ich weiß es nicht mehr genau, aber ich glaube, dass er dann aufgegriffen wurde, wahrscheinlich war er halt nirgends gemeldet, was damals keine Seltenheit war. Er stand dann beim ortsansässigen Schmied ein und diente dann dort als Geselle. Dann kam der Krieg, wo alle gesunden Männer einrücken mussten, und von David hörte man nie mehr was.

Der Scherenschleifer Peter, wie er hieß, war ein waschechter Salzburger. Auch er ging von Haus zu Haus und schärfte alle Schneidwerkzeuge, in erster Linie für den Haushalt. Küchenmesser wurden vom Großvater, Vater oder Onkel geschärft, nicht aber Fleischmaschinenmesser, Rasiermesser und Scheren sowie die Scheren zum Schafe scheren. Rasiermesser brauchten eine ganz besondere Schneid. Zu diesem Scherenschleifer ist mir eine lustige Begebenheit im Gedächtnis geblieben, worüber wir nachher herzlich lachen mussten. Er behauptete, bei einem Messer oder ich weiß nicht mehr genau, war es bei einer Schere, da ist ein „Schachterl“ drin. Jedenfalls schauten wir verdutzt, wo kann in einem Messer oder Schere eine Schachtel sein? In vollem Ernst wiederholte er, „ja, da ist ein „Schachterl“ drin“. Ein Weilchen dauerte es, bis wird draufkamen, dass er ein „Scharterl“ meinte. Ja, er war ein Salzburger. Doch ich finde es schön, wenn ein Mensch seinem Heimatdialekt treu ist.

Da waren dann noch die „Reiterträger“, wie sie genannt wurden, und die Korbflechter. Reiter, das waren die Siebe, die vielfach gebraucht wurden, in erster Linie zum Reinigen des Getreides von der groben Spreu. Diese Siebe waren aus einem eigenen Weidengeflecht gefertigt und hatten einen ziemlichen Verschleiß. Die Reifen, an denen die Reiterböden befestigt waren, hielten sehr lange, daher mussten die Böden öfters ausgewechselt und erneuert werden. Das war die Arbeit der Reiterträger. Die Böden trugen sie am Rücken mit und so sah man die Reiterträger mit ihrem Gerüst am Rücken schon von weitem kommen. Zu Fuß waren sie in der ganzen Gegend unterwegs, von einem Gehöft zum anderen und fragten, ob eine Reparatur fällig sei oder Bedarf nach Neuem bestünde. Gekommen sind sie großteils aus der Gottschee, wie sie behaupteten. „Bosniaken" wurden jene genannt, welche mittels eines breiten Tragriemens über den Schultern ein viereckiges Gerüst mit sich trugen, in dem sie fein säuberlich verschiedene Sachen eingeschlichtet hatten, welche sie zum Verkauf anboten. Zum Beispiel Rasiermesser, Scheren, Rasierseife, normale Seife, Kämme, Mundharmonika, Bandl verschiedener Art, Taschenmesser, Feitel und noch verschiedene Kleinartikel. Sie holten auch Sauborsten und Rosshaare ab und damit sie nicht zahlen brauchten, gaben sie dafür etwas von ihren Produkten. Enorme Wegstrecken legten diese Menschen von Haus zu Haus zurück. Mein Heimathaus lag ja zwei gute Wegstunden von der Bushaltestelle entfernt, manche Häuser noch weiter und eine andere Fahrtgelegenheit gab es nicht. Einmal kam so ein Hausierer mit Körben, wir benötigten einfach nichts, ich sagte, wir würden nichts brauchen. Er setzte sich in der Küche nieder, wir gaben ihm etwas zum Essen, doch blieb er länger sitzen und sinnierte vor sich hin. Auf einmal meinte er: „Wie werde ich meine Familie erhalten?" Da tat er uns so leid, dass wir ihm auf der Stelle einen Korb abkauften, obwohl wir ihn nicht unbedingt brauchten. Das war noch die Zeit, wo es für die meisten Menschen keine Versicherung und kein Arbeitslosengeld gab.

Korbflechter kamen auch aus dieser Gegend. Sie hatten aber nicht so viel Erfolg wie die Reiterträger. Es gab ja in unserer Nachbarschaft einen Kleinbauern, welcher wunderschöne Holzkörbe, größere und kleinere, anfertigte und dadurch die engere und auch die weitere Umgebung mit Körben versorgte. Weil die kleine Landwirtschaft dieses Nachbarn mit kaum zwei Kühen und ein paar Schweinen nicht soviel Ertrag abwarf, dass es zum Leben reichte, konnte er sich

Großonkel Stefan, Onkel Philipp und mein Vater (v.l.n.r.)
in den Zwanzigerjahren

mit dem Körbeflechten und seine Frau mit Stricken für andere, hauptsächlich für Dienstboten, welche selbst dazu keine Zeit hatten, ihre Existenz sichern. Die Frau strickte wunderschöne Jacken und Trachtenstrümpfe für Männer. Zu meiner Kinderzeit waren bei den Männern kurze Lederhosen und Modelstrümpfe mit Überleg hochmodisch. Im Sommer mit nackten Knien und wenn das Wetter kalt war, trugen sie dazu eine weiße Unterhose („Gattihose").

So hatten die Korbflechter, welche von weit herkamen, Absatz für kompliziertere Ausführungen, zum Beispiel für Handarbeitskörbchen, Einkaufskörbe und Taschen, Körbe zum Weihkorbtragen und zum Essen nachtragen auf die weiter entfernten Wiesen und Äcker. Diese Körbe waren aus feineren Materialien mit zarterer Ausführung als die Holzkörbe. Dann gab's noch die Buckelkörbe, welche vielfach gebraucht wurden. Ich erinnere mich an die Zimmerer, welche ihr Werkzeug im Buckelkorb verstauten und so zur Baustelle marschierten, mit dem Korb am Rücken. Ebenso die Holzknechte, die montags in den Holzschlag gingen, die ganze Woche über im Wald in einer einfachen Holzknechthütte kochten, aßen und nächtigten und erst samstags wieder nach Hause kamen. Jene mussten zum Werkzeug auch die Verpflegung für die ganze Woche mittragen. Dazu war der Buckelkorb am besten geeignet. Ein Buckelkorb wurde auch gebraucht, wenn junge Ferkel zugekauft werden mussten, solche habe auch ich noch am Rücken heimgetragen.

SCHULZEIT VOR UND WÄHREND DES ZWEITEN WELTKRIEGS

Mit Jugendfreundinnen
hintere Reihe: Michaela, Liesl, Ich, Angela (v.l.n.r.)
vordere Reihe: meine Schwester Anna und Reinhart
(der Bruder von Michaela und Angela)

Zwischen Arbeit und Schule

Weil damals noch alles händisch gemacht werden musste und die Fuhrwerke mit Kühen, Ochsen und Pferdegespannen erledigt werden mussten, wurden wir Kinder schon sehr früh zur Arbeit gebraucht. Größtenteils machte mir die Arbeit Spaß, zumal wir auch wieder zwischendurch Zeit zum Spielen haben durften. Nur einmal war es bei der Herbstsaat, da konnte ich erst eine Woche nach Schulbeginn wieder anfangen, in die Schule zu gehen. Ich musste ja mit dem Ochsengespann hin- und hermarschieren beim Pflügen. Ich schaute mit Wehmut und Sehnsucht hinüber, wenn die Nachbarskinder auf dem Weg zur Schule vorbeigingen. Das tat mir bitter weh, zumal ich ja ganz närrisch gern in die Schule ging. Zum Arbeiten mussten wir ohnehin öfters einen Tag von der Schule fernbleiben. Es war ja der Zweite Weltkrieg, der in die Hälfte meiner Schulzeit hineinfiel. Im Krieg war es mit der Schulpflicht nicht so genau. Da konnten sich die Bauern im Herbst beim Lehrer melden, wenn sie Arbeitskräfte zum Erdäpfelklauben oder Kraut- und Rübenernten benötigten. Der Herr Lehrer stellte Gruppen von sechs bis zehn Schülern zusammen und schickte sie zu den betreffenden Bauern. Dies geschah ohne weiters statt dem Unterricht.

Außer in Geschichte zeigte ich für sämtliche Fächer eine richtige Lerngier. Ich weiß nicht, merkte ich mir in Geschichte nichts oder interessierte es mich eher nicht. Das war auch mein einziger Zweier in meiner ganzen Schulzeit.

Von einer Hauptschule wurde damals nicht einmal geredet. Erst Ende der Fünfzigerjahre gingen die ersten Buben aus unserer Gegend zu Fuß in die neun Kilometer entfernte Hauptschule, nur wenn das Wetter ganz schön war, benutzen sie ein Fahrrad.

Von Zeit zu Zeit gingen wir auch zu Fuß zum Kino, das es in der neun Kilometer entfernten Stadt gab. Die Filme, die wir uns ansahen, wurden tagsüber gespielt, wo eigentlich Unterrichtszeit gewesen wäre. Es war immer der ganze Kinosaal voll mit Schülern, auch von den umliegenden Schulen. Das wird wahrscheinlich im Unterrichtsplan eingebunden gewesen sein. Obwohl das weite Zufußgehen für uns kein Problem war, hielten wir es ganz und gar nicht für ein Vergnügen, diesen langen Marsch hin und retour zurückzulegen. Mir wäre das Lernen in der Schule lieber gewesen. Ich kann mich nur an einen einzigen Film ganz gut erinnern, der handelte vom Bau der Großglockner Hochalpenstraße. Da hatte ich schon das heimliche Gefühl, wenn's auf so einen hohen Berg hinauf möglich ist, eine Straße anzubringen, können vielleicht auch wir einmal auf eine Straße in unsere Berggemeinde hoffen.

So wie das Kinogehen gab es auch in unserer Schulzeit bestimmte Wandertage, die damals „Ausflug" geheißen haben. Die vorgesehene Route führte von unserem Berg hinunter und auf den gegenüberliegenden hinauf zur Lorenzikapelle. Das entsprach einer Strecke Fußmarsch von ungefähr zweieinhalb bis drei Stunden. Natürlich waren wir alle begeistert, einmal woanders hinzukommen. Sonst ging es ja meistens auf einen Berggipfel hinauf.

Ich bekam, was eher eine Seltenheit war, ein Geldstück mit, um unterwegs etwas zusätzlich zur Jause, die wir ohnehin mitbekamen, zu kaufen. Das Geld steckte ich in mein Schürzensackerl und als ich mich im Kaufgeschäft angestellt hatte und das Geld herrichten wollte zum Zahlen, musste ich mit Bedauern feststellen, dass ich es verloren hatte. Ich schlich mich weg und war dem Weinen nahe, musste ich doch zusehen, wie die anderen Kinder die gekauften Süßigkeiten genossen. Ich schämte mich so sehr, dass ich mich niemand was sagen traute. Nicht einmal zu Hause erzählte ich was vom Verlust. Hätte ja leicht sein können, dass ich zu meinem Leid noch geschimpft worden wäre, hat es ja immer wieder geheißen: „Hast schon wieder nicht aufgepasst!“ Dieses Erlebnis war noch vor dem Krieg, das weiß ich zufällig, da war ich noch keine zehn Jahre alt.

So ungefähr schwach zwei Kilometer vom Schulhaus entfernt war ein Naturteich, dorthin wanderten die Lehrer manchmal mit uns Schülern, wenn schönes Wetter war. Schuhe und Strümpfe wurden ausgezogen und ein bissel im Wasser herumgewatet, die Buben ein wenig weiter hinein als die Mädchen. Die Lehrer beaufsichtigten dieses Treiben. Schwimmen konnte niemand, daran war gar nicht zu denken, es wurde nicht einmal gesprochen darüber. Es gab wohl in der Ortschaft ein Freischwimmbad, das war aber unserer Meinung nach für die Sommerfrischler, wie die Gäste hießen, die dazumal schon in unsere Region kamen. Das waren allerdings nicht viele.

Sport und Spiel

Spielplatz hatten wir bei unserem Schulhaus einen einfachen aber sehr großen, da war so richtig Platz zum Herumtollen. Doch den Buben war es auch da noch zu eng, die kamen beim Räuber und Gendarm spielen manchmal über den Bach drüber, auf der anderen Seite den Berg hinauf. So kam es vor, dass nach der Pause einige Buben dahergeschnauft kamen, als der Unterricht schon längst wieder begonnen hatte. Da gab es dann eine mehr oder weniger große Strafe. Wir Mädchen spielten am Spielplatz Mädchenspiele: Klassehüpfen,

Ballspiele, Kaiser schickt Soldaten aus, Fangen, Verstecken und, was ganz viel gepflegt wurde, das war das Kugerlscheiben. Man bekam so kleine Tonkugerl oder auch Glaskugerl zu kaufen. In den Boden wurde eine Grube gedrückt. Zwei oder drei spielten zusammen. Die Kugerl waren farblich verschieden glasiert. Je ein Spieler schupfte abwechselnd ein Kugerl von einem gewissen Abstand zur Grube. Derjenige, der am nächsten bei der Grube war, durfte zuerst anfangen, sein Kugerl in das Grübchen zu schupfen. Kam er damit hinein, durfte er auch das nächste schupfen. Kam er mit allen ins Grübchen, gehörten alle ihm. Schaffte er es nicht, kam der nächste an die Reihe. Das war ein sehr lustiges Spiel. Es konnte auch passieren, dass mancher seine ganzen Kugerl verspielte. Man bekam sie aber günstig zu kaufen.

Das Klassehüpfen war ein Spiel, bei dem zwei und zwei zusammengespielt haben. Auf dem Boden wurden die Wochentage in viereckigen Kästchen kreuzförmig aufgezeichnet und man musste mit einem Fuß von einem Kästchen in das andere hüpfen. Wenn dabei der begrenzende Strich berührt wurde, war der nächste an der Reihe. Wer als erster den Sonntag erreicht hatte, war Sieger.

Einen Turnsaal oder sonstige Spieleinrichtungen gab es zu unserer Schulzeit nicht. Althergebrachte, selbst zusammengestellte Spiele wurden gepflegt. So gab es ein Spiel ausschließlich für Buben, „Sauspatzen" hat es geheißen. Auf einen Holzstock wurde ein kleiner Holzstöpsel mit einer Höhe von zwanzig Zentimetern und einem Durchmesser von fünf bis acht Zentimetern locker aufgestellt. Mit einem langen Stecken wurde der Holzstöpsel abwechselnd vom Stock weggefeuert. Wer das kleine Stockerl am weitesten vom großen Stock wegschlagen konnte, hatte gewonnen. Doch bei diesem Spiel passierte ein schwerer Unfall. Ich war an diesem Tag gerade nicht in der Schule, so wurde mir das Geschehene später erzählt. Das kleine Stockerl traf einen Buben mit voller Wucht im Gesicht, so dass dieser mit einer schweren Gesichtsverletzung ins Krankenhaus gebracht werden musste. Auf der Stelle wurde dieses Spiel verboten. Nie wieder hatte man davon was gehört. Wir Mädchen waren froh, wir hatten ohnehin immer Angst und wichen weit aus, wenn die Buben dieses Spiel begannen. Da war dann schon das Völkerballspielen viel, viel lustiger, allein schon deswegen, weil Buben und Mädchen mitsammen spielten. Bis dahin wurde ein gewisser Abstand gehalten zwischen Mädchen und Buben. Man wich den Buben aus, denn wenn ein Mädchen sich zu oft in eine Bubengruppe unterhalten hat, hieß es gleich, das ist eine „Buam-Tudl". Auch von den Erwachsenen erntete man solche Spottwörter, weil es als Schande angesehen wurde, obwohl auch manche Buben liebe, angenehme Spielkameraden waren.

Es war in einer Pause im Winter und es lag Neuschnee. Es kam zu einer Schneeballschlacht unter den Buben, in der Nähe hielten natürlich auch wir Mädchen uns auf oder taten ebenfalls mit. Zum Schulhaus gehörte eine Brunnenhütte mit einem Brunnentrog und fließendem Wasser, wo wir Kinder nach dem Spielen unseren Durst stillten. Ein Flascherl mit Limo oder Saftwasser zum Mitnehmen in die Schule, das kannte kein Kind. Für uns gab's in der Schule wie auch zu Hause nur reines Wasser zum Trinken. Ja, und weil sich die Schneebälle vom Neuschnee nicht richtig formen ließen, kamen einige Kinder auf die Idee, sie kurz ins Wasser zu tauchen. Da ließ sich der Schnee zusammendrücken und es wurden dann fast Eisbälle daraus. Im Wirbel der Schneeballschlacht traf mich mit voller Wucht so ein nasser Patzen genau am rechten Auge, dass ich fast zusammensackte. Ich weinte eine Zeit lang, wollte mir aber nichts anmerken lassen, und schon gar nicht traute ich mich, zu Hause etwas zu sagen. Es hätte womöglich geheißen: „Warum gehst du nicht weit genug weg?" Eine Zeit lang hatte ich schon Schmerzen, aber zum großen Glück habe ich am Auge keinen Schaden davongetragen.

Als dann der Nationalsozialismus Fuß fasste, änderte sich auch in der Schule alles. Einverstanden waren auch wir Kinder mit dem Meisten nicht, doch man musste sich alles radikal gefallen lassen.

Waren bisher die Turnstunden sowie die Zeit in den Pausen zum größten Teil aufs Spielen ausgerichtet, so fing mit dieser großen politischen Umwälzung das Gruppenturnen an, „Leibeserziehung und Körperertüchtigung" hat es geheißen. Das wird sicher wichtig gewesen sein. Es hat mir absolut nicht zugesagt, nur mit Missmut hab ich da mittun müssen. Wie es den anderen Kindern dabei ergangen ist, weiß ich nicht. Wenn dann der Turnlehrer sagte: „So jetzt ist es aus, jetzt könnt's Völkerball spielen", stürmten wir nur so weg und schon wurde ausgezählt und die Mannschaften gewählt. Völkerball war damals für uns ganz neu. Die Schule bekam den ersten großen Ball, das war für alle Schüler eine Riesenfreude. Dieses Mannschaftsspiel war ja doch so lustig, dass uns fortan die Pausen und auch die Turnstunden immer zu kurz waren.

Zu dieser Zeit fing es an, dass Buben und Mädchen miteinander zu spielen begannen. Vorher waren Buben- und Mädchenspiele genauso wie die Sitzordnung in der Klasse getrennt. In meinen ersten Schuljahren kann ich mich erinnern, war es noch eine von den ärgeren Strafen, wenn ein Bub sich für eine Zeit lang zwischen Mädchen setzen musste oder auch umgekehrt ein Mädchen zwischen Buben auf der Bubenseite. Also wurden die Mannschaften beim Völkerball meistens gemischt eingeteilt. Es wurde auch ab und zu Mädchen gegen Burschen gespielt. Dabei hatten die Mädchen kaum Chancen zu gewinnen. Eine einzige Ausnahme gab es bei den Mädchen, Johanna Reiter hieß sie. Dieses Mädchen war so flink und energisch, dass sie kaum einmal abgeschossen wurde. Wo wir andere Mädchen dem Ball auswichen, hüpfte die Hanna auf den Ball zu und fing ihn ein. Nicht schwer zu verstehen, dass sie beim Mannschafen zusammenwählen von den Mädchen immer als erste gewählt wurde.

Dazu stammte diese Mädchen aus einer kinderreichen, kleineren Bergbauernfamilie, neun Geschwister waren sie. Die Familie wohnte auf einem Betrieb in näherer Nachbarschaft zu meinem Elternhaus. Beim zehnten Kind ist die Mutter verstorben. Man kann sich vorstellen, was das für den Vater geheißen hat. Es sind aber alle zu tüchtigen Menschen aufgewachsen. Früh mussten sie schon zu den Nachbarn gehen, Taglöhnerarbeiten verrichten. Die alltäglichen Arbeiten mussten die größeren Mädchen mit dem Vater verrichten. Zum Essen wird die Familie genug gehabt haben, sie waren fleißige Leute, hatten Kühe für Milch und Butter, bauten Gemüse und Getreide an und fütterten Schweine. Auch Schafe hatten sie, doch die finanziellen Mittel reichten sicher nicht aus. Gespart wurde bei der Bekleidung. So ist mir zum Beispiel gut in Erinnerung, dass Hanna und ihr Bruder Hansl miteinander ein Paar Fäustlinge zum Schulgehen hatten. Hanna ist die meiste Zeit im Sommer barfuss zur Schule gegangen.

Als Hitler gekommen ist, wurden in der Schule ein paar bedürftige Kinder für einen Erholungsurlaub ins Deutsche Reich ausgesucht. Dabei war auch Hanna. Wie diese Einrichtung genau geheißen hat, weiß ich nimmer. Ich habe mich auch gar nicht drum gekümmert. Während ein Mädchen ein paar Kleidchen mitbekommen hat, ist Hanna mit doppelter und dreifacher, modernster Kleidung heimgekommen. Das hatten wir ihr vom Herzen gegönnt. Es wird eine reichere Familie gewesen sein, bei der sie untergebracht war. Dieser Aufenthalt dauerte mehrere Wochen. Diese Möglichkeit reichte nur für ein paar Kinder aus unserer Schule.

Eine Begebenheit fällt mir noch ein, ich weiß allerdings nicht, ob sie im Zusammenhang mit dem Erholungsaufenthalt stand oder nicht. Ich glaube aber eher, dass dieses „Winterhilfswerk" von der Gemeinde gestartet wurde. Ich weiß nur ganz genau, dass ich noch in der ersten Klasse, also im 3. Schuljahr war. Es war Winterbeginn, da kam der Lehrer in der Handarbeitsstunde mit einer Schachtel voll handgesponnener Wollknäuel, welche bei den Bauern gesammelt und in der Schule an die Mädchen zum Stricken ausgegeben wurden, um dann die fertigen Sachen an die Bedürftigsten zu verteilen. So bekamen meine gleichaltrige Sitznachbarin und ich einen großen Knäuel Wolle, welcher für ein paar Strümpfe reichte. Wir teilten den Knäuel und die Handarbeitslehrerin gab uns die Anleitung. Wir strickten gemeinsam je eine einen Bubenkniestutzen mit Überleg. Obwohl die Lehrerin dahinter war, dass wir gleich viel Maschen anschlugen und die Reihen beim Überleg genau zählten, passierte es, da ich ein wenig lockerer strickte als meine Freundin, dass mein Überleg ein bissl breiter ausfiel, was aber akzeptiert wurde. Diese Stutzen bekam ein Ziehbub von einem großen Bauern, er hatte sie lange, lange zum Schulgehen an, was uns beide sehr beglückte und sehr freute.

Eines Tages bekam unsere Schule eine Briefsendung von einer Schule aus Altena im deutschen Westfalen. Der Lehrer verteilte die Briefe an uns, so weit sie reichten. Wir beantworteten diese und erhielten auch wieder Antwort, auf ganz verschiedene Weise. Einige bekamen kleine Päckchen mit verschiedenen Inhalten. So bekam meine Schwester ein Päckchen mit einigen Süßigkeiten, manche bekamen kleine Kleidungsstücke. Ich bekam ein Sackerl mit Blumenaufklebern von meiner Brieffreundin. Gar zu lang hielten diese Briefkontakte nicht, da ja im Allgemeinen die Begeisterung für den Anschluss Österreichs an Deutschland nicht groß war. Es wurde schon bald nach dem Anschluss über Krieg gemunkelt. Wir als Schulkinder bekamen fast alles mit. In der Schule mussten wir sofort den Gruß von „Grüß Gott“ auf „Heil Hitler“ wechseln. In der Früh vor Unterrichtsbeginn wurde immer ein schönes Gebet gebetet und nach Unterrichtsschluss auch wieder. Eines ist mir noch so gut im Kopf. Wir beteten mit dem Lehrer folgendermaßen:

Wir gehen aus der Schule fort,
Herr bleib bei uns mit Deinem Wort
und gib uns deinen Segen,
auf allen unseren Wegen.

Gottessegen war auch auf dem Schulweg wichtig, zumal viele Kinder eine weite Strecke zu bewältigen hatten, bis zu einer Stunde und auch drüber. Wir, meine Geschwister und ich, waren in der glücklichen Lage, dass wir in circa einer Viertelstunde daheim waren.

Mit Anbruch des Nationalsozialismus wurde dann alles verboten, der schöne Gruß, das Beten, die Religionsstunden und auch die Kreuze wurden aus den Klassenzimmern entfernt. Statt dessen wurde im Schulhof ein Fahnenmast aufgestellt, wo jede Woche die Hackenkreuzfahne einige Male gehisst wurde. Dazu mussten wir Schüler Aufstellung nehmen und Hitler-Lieder singen, so laut es nur ging. Statt dem Beten vor und nach der Schule mussten wir jede Woche einen anderen Spruch lernen, dieser musste von den Kindern gemeinsam gesagt oder besser gesagt hingeschrien werden, wie zum Beispiel „Über Gräber vorwärts“ und so ähnlich.

Zwischen mir und meiner Schwester Rosa – ich war die Älteste von uns fünf Kindern, war eineinhalb Jahre Altersunterschied, zwischen meiner Schwester und dem älteren Bruder dreizehn Monate. Also waren wir drei Kinder ein richtiges Team zum Spielen. Neben dem

Rosa, Ich mit der kleinen Anna und Michael,
1940

vielen Arbeiten nützten wir jedes Zeitl dazwischen zum gemeinsamen Spielen. Einen großen Ball, wie es ihn nur in der Schule gab, an das war gar nicht zu denken. Aber wie es immer heißt, „Not macht erfinderisch". Mein Vater war bis zum Jahre 1940 Schuhmachermeister, bevor Onkel Franz mit meiner Mutter den Betrieb tauschte. Weil mein Vater im Krieg die Materialien zur Herstellung von Schuhen und Hausschuhen immer schwerer bekam und er sehr erfinderisch veranlagt war, kamen ihm auf einem Fetzenmarkt eine Menge gebrauchte Damenhüte zurecht und er nahm sie gleich alle mit. Sie waren in den verschiedensten Farben: rot, braun, beige, grün und so weiter. Ich kann mich gut erinnern, er hatte eine Freude damit, er sagte, „die kann ich gut brauchen, zum Beispiel für Einlagen, als Zwischenlagen für Schuhe, als Böden für Hausschuhe und für anderes". Vater hat die Oberteile für Schuhe selbst zugeschnitten, gesteppt und dann über Leisten den Boden draufgenagelt, alles händisch. Zwei Paar Schuhe nahmen einen vollen Tag in Anspruch.

Nun kamen diese Damenhüte auch uns Kindern gelegen. Wir schnappten vom Vater zwei Hüte, die Krempen schnitten wir rundherum weg. Die Hüte ohne Krempe nähten wir fest zusammen, ließen einen Schlitz offen und stopften diese Kugel fest mit Heu aus, den Schlitz nähten wir zu und fertig war der große Ball. Mit diesem Ball, er hatte so ziemlich die gleiche Größe wie der Lederball in der Schule, haben wir daheim ständig trainiert und abschießen und einfangen geübt. Dies kam uns zugute und so gehörten wir nicht zu den schlechtesten Völkerballspielern. Ich spielte auch noch ab und zu mit, als ich schon länger aus der Schule war.

Spielmöglichkeiten für den Winter gab's nur ein paar ganz einfache. Schule spielen, ein selbst gebasteltes Fuchs und Henne Spiel und das Kartenspielen haben wir Kinder schon früh erlernt.

Im Allgemeinen hieß es besonders für uns Mädchen Stricken, Nähen, Handarbeiten. Es lag wohl auch in unserem eigenen Interesse, Kleidung anzufertigen. Den Sonntag, den konnten wir uns selbst einteilen, wie wir wollten. Zum Sonntagsgottesdienst gehen war eine Selbstverständlichkeit. Eine Gehstunde hin und heimzu noch länger, weil es bergauf ging und man unterwegs Freunde und Freundinnen traf. Dabei blieb man auch ab und zu stehen, um ein wenig zu plau-

Franz Staber,
Onkel Franz,
Anfang der Vierzigerjahre

Onkel Franz beim Rasten,
1988

dern. Ein paar Bänke gab's auch unterwegs, welche man ab und zu in Anspruch nahm.

Onkel Franz

Mein Onkel Franz widmete sich gerne seinen Hobbys, hauptsächlich einfacheren Tischlerarbeiten, auch bei verschiedenen Nachbarn. Er reparierte sogar Uhren, von Taschenuhren über Wecker bis Wanduhren, beziehungsweise brachte steckengebliebene wieder zum Gehen. In der Ecke hinter dem Wohnstubentisch war ein Wandkastl, in welchem innen ganz viele Uhren aufgehängt waren, denn die Leute kamen schon von weit und breit mit ihren reparaturbedürftigen Uhren zu ihm. Dass das Kastl so vollgehängt war, hatte den Grund, dass er prüfen musste, ob die Uhren richtig gingen und er auch die Uhrzeit genau einstellen musste. Wenn Onkel die Tür zum Kastl öffnete, rannten wir Kinder sofort hin. Das Ticken so vieler Uhren hat uns sehr fasziniert. Wir Kinder saßen auch immer um ihn herum, wenn er bei seiner Arbeit war und auf einem reinen Papier die Uhren zerlegte, die kleinen Rädchen mit ganz feinen Pinzetten in einer Lösung reinigte, frisch einölte und wieder zusammensetzte. Der Großteil der Uhren wurde einer gesprungenen Feder wegen zu ihm gebracht, die er dann durch eine neue ersetzen musste. Damals gab's ausschließlich Uhren zum Aufziehen über eine Feder. Wo er diese Ersatzteile gekauft hat, ist mir nicht bekannt. Ich kann mich nur erinnern, dass er einen Vorrat an verschiedenen Größen hatte.

Darüber, wie Onkel zum Uhrmachen kam, wurde folgendes erzählt: Im Ort war ein älterer Uhrmacher ansässig, zu dem er als Bub öfter hinkam. Ich weiß nicht, war er mit seinen Eltern mit oder musste er selbst etwas abholen. Jedenfalls hatte es ihm so interessiert, dass er nun sonntags ab und zu und dann immer öfter hin ist, um diesem Uhrmacher bei seiner Arbeit zuzuschauen. Das imponierte dem Uhrmacher so sehr, dass er anfing, dem interessierten Buben Gegenstände zu geben. Als dieser Uhrmacher altersmäßig seine Arbeit nimmer beherrschte, bekam mein Onkel seine Sachen zum Uhrmachen.

Außerdem kamen viele Männer zu meinem Onkel, um sich die Haare schneiden zu lassen. Es gab ein lustiges Erlebnis mit einem Buben aus der näheren Umgebung. Dieser kam und bat ums Haareschneiden. Der Bub bestand darauf, die Haare völlig wegzuschneiden, bis er kahl war, was damals gar nicht üblich war. Es wurde dem Buben nicht geglaubt, doch der Bub sagte: "Jetzt kann der Vater nimmer zugreifen bei den Haaren."

Wie man sieht, war meinem Onkel, abgesehen von der Melkarbeit, jede andere Arbeit lieber als die Landwirtschaft.

Zum Onkel Franz fällt mir noch ein Schreckensereignis ein. Ich war noch ein Kind, es war noch vor dem Krieg. Jedenfalls herrschte Bestürzung, wie mein Onkel Franzl in der Früh sein Erlebnis erzählte. Onkel ging auf eine Unterhaltung, auf einen so genannten Bauerntanz. War es bei einem Maibaumaufstellen oder Maibaumumschneiden, das weiß ich nicht mehr. In der zweiten Nachthälfte trat er allein den Heimweg an. Die Joppe zog er nicht an, er hängte sie nur lose über sein Schultern. Der Weg führte ein Stück knapp an einem Zaun vorbei. Er bemerkte nicht, dass ihm jemand auflauerte. Plötzlich sprang ihn von hinten jemand an und versetzte ihm einen Messerstich in den Rücken. Er schrie erschreckt: „Was ist los?". Jener antwortete: „Auweh, jetzt hab ich den Falschen erwischt" und floh davon. Onkel ist nie draufgekommen, wer dies war. Nachher hat er seinen Freunden davon erzählt, da sagte ein Sohn vom Nachbar, dies hätte ihm gegolten, sagte aber nicht, wen er vermutete. Onkel war heilfroh, dass er die Joppe nur übergehängt hatte, so hatte sie den Stich doch etwas abgefangen. Wie ich von daheim weggeheiratet habe, hing diese Joppe mit dem Schlitz vom Stich immer noch im Dachboden.

Onkel Franz hatte Pech in der Liebe. Jene junge Frau, welche er beabsichtigte zu heiraten, starb ihm. Ich weiß nicht, starb sie an einer Krankheit oder ganz plötzlich, jedenfalls wurde mit uns Kindern darüber nicht gesprochen. Auch hatte er eine ledige Tochter, was aus deren Mutter geworden ist, weiß ich nicht genau.

Meine Mutter konnte aber die Doppelaufgabe zwischen zwei Wirtschaften auf Dauer auch nicht bewältigen. Meinem Onkel wurde von jemand, von wem wurde mir nie bekannt, eine ganz fleißige, junge Frau angeraten, welche bei einem größeren Bauernhof als Dienstmagd tätig war. Diese war gleich bereit und übersiedelte zu uns, vorläufig als Wirtschafterin, aber mit dem Gedanken, dass Onkel sie einmal zur Bäuerin nehmen würde. Großvater war nicht ganz einverstanden mit dieser Frau, da sie beim Kochen auf der sparsameren Seite war. Großvater trank so gerne Buttermilch, auch wenn die Buttermilch nach dem Butterrühren ein paar Tage alt war. Er behauptete, sie täte ihm gesundheitlich gut. Diese neue Frau stellte ihm, nur als ein Beispiel, ein kleines Häferl voll hin und die andere Buttermilch schüttete sie gleich in den Saukübel. Wir Mädchen halfen uns auf diese Weise, dass wir von der Schule heim bei den Eltern einkehrten, wo uns die Mutter zu essen gab. Wir wussten nie, ob daheim für uns noch was übrig war. In dieser Zeit hielten wir uns mehr bei den Eltern auf. Überhaupt, wenn wir krank waren, waren wir bei den Eltern. Ansonsten schliefen wir in Großvaters Zimmer, zu zweit in Großmutters Bett.

Onkel Franz war vorsichtig und zog nicht gleich mit Luise, wie diese Frau hieß, in ein Zimmer zusammen. So kam es, dass ihr früherer Verliebter sie gelegentlich besuchte und die Nacht über bei ihr blieb. Dies stimmte sicher, weil sie selbst es mir erzählte. Also schlief Onkel in der Kammer und darunter Luise mit ihrem vorherigen Verliebten. Was sich dann zwischen den beiden abgespielt hat, ist mir nicht bekannt, ich war auch nicht neugierig. Luise hat zusammengepackt und ist nach einigen Monaten wieder weggezogen.

So waren Großvater und Onkel mit uns Schulmädchen wieder allein. Ein Trost war, dass bald die Ferien kamen. Jedenfalls mussten wir wieder mehr zupacken, da ja die Erntezeit anbrach. Auch auf meine Mutter kam wieder mehr zu. Wenn sie helfen kam, musste sie ja immer auch unser kleines Schwesterl Anna mitnehmen. Michael kam ebenfalls fast immer mit.

Wenn Mutter für uns arbeitete, blieb uns manchmal ein bissel Zeit zum Spielen, wir mussten aber nebenbei auf die kleine Anna aufpassen. Das taten wir gern. Obwohl wir schon sehr zur Arbeit eingespannt waren, auch zum großen Teil selbstständig, waren wir mit zwölf und dreizehn Jahren noch sehr zum Spielen aufgelegt.

So habe ich in dieser Zeit das Kühemelken soweit geübt, dass ich das

Handmelken gut beherrschte. Da entschlossen sich meine Eltern im Jahr 1940, einmal eine Wallfahrt vorzunehmen und zwar nach Maria Schönanger in der Nähe von St. Lambrecht. Dort wurden und werden auch heute noch die Marienfeiertage festlich begangen. In der Nähe von St. Lambrecht wohnte eine Schwester vom Vater. Meine Eltern entschlossen sich am Tag vorher dorthin zu wandern, der Schwester einen Besuch abzustatten und dort zu schlafen, damit sie am 8. September am Feste Maria Geburt zeitlich zur Wallfahrtskirche kommen konnten. Da zu dieser Zeit alles zu Fuß gegangen wurde, erstreckte sich diese Abwesenheit meiner Eltern auf fast zwei Tage. Alles wurde besprochen und genau geplant.

Meine Großmutter väterlicherseits erledigte wohl die Hausarbeiten, war aber mit über achtzig Jahren nicht mehr in der Lage zum Melken. Großvater väterlicherseits verbrachte ohnehin die meiste Zeit nur mehr im Bett. Daheim molk Onkel Franz die Kühe und ich musste zum Anwesen meiner Eltern gehen, die zwei Kühe in den Stall bringen und melken. Bevor ich wegging, sagte mein Großvater: „Zum Rosenkranzbeten kommst aber heim". Ich musste diese Nacht im Heim meiner Eltern schlafen, bei der kleinen Anna, auch wegen dem Melken in der Früh. Das Rosenkranzbeten durfte an keinem Vorabend von Sonn- und Feiertagen ausbleiben. Das war eine wunderschöne Einstimmung auf die Sonn- und Feiertage, die ich eigentlich sehr vermisse. Ich versprach es daher dem Großvater gerne. So ging ich nach dem Melken heim zum Rosenkranzbeten und nahm auch mein zweijähriges Schwesterl mit. Nach dem Beten gab's immer ein gemeinsames Nachtmahl. Bis zum Weggehen war es schon Nacht. Es war zwar mondhell und zum Wohnhaus meiner Eltern nicht weit, trotzdem nahm ich eine Abkürzung über die Wiese bergab. Knapp oberhalb vom Wohnhaus meiner Eltern war ein steileres Roandl, ein kleiner Hang. Ich weiß nicht, ich konnte der Sache nicht nachgehen, war es nasses Gras, ein Erdhügel oder ein Kuhfladen, jedenfalls rutschte ich mitten am Steilstück aus und weil ich mein Schwesterl auf den Armen trug, konnte ich mich nicht derfangen. Ich fiel so unglücklich, dass ich mir oberm Knöchel den rechten Fuß brach. Der Fuß stand schief, ich konnte keinen Schritt mehr gehen. Mein Schwesterl fing an zu weinen, ich werd wohl auch nicht weit weg gewesen sein vom Weinen. In meinem großen Schrecken war ich heilfroh, dass meinem Schwesterchen nichts passiert war, sie zog an meiner Hand und meinte weinend: „Geh ma, geh ma“. Ich schleppte mich halb kriechend, halb auf einem Fuß hüpfend bis zum Zaun, den Zaun entlang bis zum Haus und zur Haustür. Großmutter erschrak sehr. Sie tat ihr Bestes. Sie legte Klein-Anna ins Gitterbett, ich konnte mich in ihr Bett legen und meinen Fuß salbte sie mit einer Salbe ein. Sie wusste es ja nicht, dass in so einem Fall Umschläge zu machen gewesen wären. Ich wusste es auch nicht. Die ganze Nacht schmerzte mir der Fuß gewaltig. An ein Schlafen war nicht zu denken. Bis in der Früh war der Fuß sehr geschwollen, sodass Großmutter den Onkel holte. Er musste aber auch daheim zuerst die Kühe melken. Ich konnte nicht aufstehen. Es gab noch lange kein Telefon und auch weit und breit kein Auto zum Entgegenfahren, um die Eltern zu verständigen. Es hieß einfach warten, bis man Hilfe bekam.

Zu jener Zeit war es in weiterer Umgebung üblich, dass bei einem einfachen Knochenbruch zuerst ein Heilpraktiker, welcher eine schwache Stunde von meinem Daheim weg wohnte, geholt wurde. Traute er sich drüber, legte er eine Beinbruchsalbe auf und umwickelte die Bruchstelle. War es komplizierter, riskierte er nichts, er sagte: „Sofort ab zum Arzt!“ So holte mein Onkel, noch bevor meine Eltern heimkamen, diesen Mann. Er schaute den Fuß an und sagte: „Da muss zuerst der Knochen zusammenheilen, dann kann ich erst den Knöchel einrenken.“ So machte er eine orangerote Salbe, eine Beinbruchsalbe, warm und strich sie mit einer Holzspachtel auf die Bruchstelle am Fuß und umwickelte diesen. Erkaltet war die Salbe ganz steif, fast gipsähnlich und hatte eine gewaltige Heilwirkung. Diese Versorgung war so wohltuend, die Schmerzen ließen gleich nach und ich konnte die drauffolgende Nacht ausgiebig schlafen. Inzwischen sind auch meine Eltern heimgekommen.

Eine Woche lang konnte ich nicht aufstehen. Nach einer Woche kam dieser Herr wieder nachschauen, er meinte: „Ich glaube, ich kann den Knöchel einrenken.“ Das tat wieder ein wenig weh, aber ich war froh, dass der Fuß wieder gerade war und nicht mehr schief zur Seite stand. Nun strich er diese Salbe auch über den Knöchel und umwickelte ihn neuerlich.

Mein Fuß heilte rasch, so dass ich bald wieder normal gehen konnte.

Jetzt kann man sich's nicht vorstellen, in so einem Fall nicht zum Arzt zu gehen, es ist aber Tatsache, mein gebrochener Fuß musste ohne Arzt gesund werden.

Ich war aber kein Einzelfall, dem dieser Mann, Herr Max Lercher vulgo Pirker, in Kammersberg geholfen hatte. Von weiter Umgebung wurde er von zahlreichen Personen aufgesucht und hat verschiedene Leiden bei Mensch und Tieren mit seinen Salben geheilt. Auch das Einrenken bei ausgekegelten Gelenken bei Mensch und Tier beherrschte er ausgezeichnet.

In meinem sogenannten „Krankenstand“ wohnte ich im Haus meiner Eltern, und so fiel auch ich als Arbeitskraft bei meinen Onkel und Großvater aus. Sie waren nun mit meiner zwölfjährigen Schwester allein.

Tausch der Betriebe

Unangemeldet kamen Onkel und Großvater mit großem Vorhaben und festem Entschluss zu meinen Eltern. Ob mein gebrochener Fuß der Anlass war oder es schon davor geplant gewesen war, das weiß ich nicht. Onkel sagte zu meinen Eltern: „Tun wir Betriebe tauschen, ihr habt die Kinder, ihr habt Arbeitskräfte und ich habe niemand, ich muss Dienstboten einstellen, das geht sich auch nicht gut aus.“ Meine Eltern waren einverstanden. Vater war sogar sehr begeistert, denn er hatte eine ausgesprochene Freude an der Landwirtschaft. Er meinte: „Wenn es mir taugt, kann ich noch nebenbei ein bissl Schuhe machen.“ Er ahnte aber schon, dass die Nachfrage nach fabrikerzeugten Schuhen im Zunehmen war.

Schon in den nächsten Tagen gingen sie zum Notar, um den Tausch amtlich zu machen. Dabei mussten sie eine Enttäuschung erleben. Nach dem damaligen Erbhofgesetz, in das ein Betrieb ab einer bestimmten Größe fiel, wäre es gerichtlich beinahe nicht genehmigt worden, dass meine Mutter den Heimbesitz übernehmen konnte. Laut Gesetz durfte nur ein männlicher Nachfolger einen Erbhof übernehmen. Eine Tochter hatte der Erbfolge wegen keinen Anspruch auf eine Besitzübernahme, falls männliche Erben vorhanden waren, wenn auch nur weitläufige. Da schaltete sich Großvater ein. Nach zähem Ringen und Verhandeln wurde die Übernahme doch gestattet, allerdings nur mit der Begründung jenes Tausches. Ansonsten wären die Söhne von Großvaters Bruder als Erben in Frage gekommen.

Wie der unterschiedliche Wert beider Betriebe, die verschieden groß waren, finanziell abgeglichen wurde, darüber kann ich leider keine Angaben machen. Ich weiß nur, dass auf dem kleineren Betrieb keine Lasten blieben, dass noch ein Erbteilauszahlen an Vaters Geschwister offen war und dies meine Eltern, was eine Selbstverständlichkeit war, behielten, zusätzlich zur Auszahlung an Mutters zweiten Bruder Lorenz. Meine Eltern legten sich mit unserer Mithilfe mit Vollgas in die Arbeit.

Mit dem Betriebstausch hatte das Hin- und Hersiedeln begonnen. Onkel überließ die kleine Landwirtschaft, die zum väterlichen Betrieb gehörte, meinen Eltern auf unbestimmte Zeit zur Pacht. Als erstes wurden die Kühe auf eine Herde zusammengeholt, des Melkens und der Milchverarbeitung wegen. Gleich verfuhr man mit den Schweinen. Onkel begann mit der Herstellung neuer Betten für meine Eltern, denn bis jetzt hatten meine Eltern nur ein Bett zum Schlafen. Das Zimmerl, welches sie zur Verfügung hatten, war so klein, dass niemals ein zweites Bett Platz gehabt hätte. Beim Heimathaus meines Vaters waren Haus und Stall zusammengebaut. Es gab nur wenige Räume und diese waren sehr klein. Von der engen Küche mit offener Feuerstelle gelangte man durch eine Tür in den Stall direkt zu den Tieren, den Kühen, den Schweinen und Schafen. Vom sehr kleinen Vorhaus führte eine Tür in die Küche und eine Tür in die Wohnstube, wo auch sämtliche Mahlzeiten eingenommen wurden, denn in der Küche gab's weder Tisch noch Sessel. Nur ein kurzer Stuhl stand unter der Wasserleitung, auf dem sich ein Holzschaffl zum Geschirrabwaschen befand. Dann führte noch vom Vorhaus die Stiege in das Obergeschoss, wo ein größerer Raum war, welcher als Schuhmacherwerkstätte diente. Nebenan lag das kleine Zimmerl meiner Eltern. Darunter schlief meine Großmutter väterlicherseits im Stüberl, wie es hieß, neben der Wohnstube. Mein Bruder Michael schlief bei der Großmutter. Großvater hatte in der Werkstätte sein Bett. Warum meine Großeltern väterlicherseits nicht beisammen schliefen, wurde mir nie bekannt. Fragen hätte ich mich niemals getraut.

Die große Maschine zum Steppen der Schuhoberteile stand in der Wohnstube. Vater wollte mir das Steppen der Oberteile beibringen. Daraus wurde nichts, mir fehlte das Interesse.

Im Stall war ein kleiner Raum mit einem Bretterverschlag ohne Fenster abgetrennt, welcher zur Aufbewahrung für Futterrüben, Erdäpfel, Kraut und dergleichen diente. Zu erwähnen wäre noch, dass diesen Raum ein Neffe vom Vater, welcher bei ihm als Schuhmachergeselle im Dienst stand, gebrauchte, um Fotos auszuarbeiten. Er war leidenschaftlicher Hobbyfotograf. Der Raum war ja normalerweise stockfinster. Wie das damals vor sich ging, darüber ist mir nichts bekannt. Ich weiß nur, dass dieser Neffe vom Vater, der Sepp, schon damals moderne Damenschuhe mit höheren Absätzen angefertigt hatte und diese sehr gefragt waren.

Dann war noch im Obergeschoss ein offener Abstellraum, ein Zeugkammerl, und daneben, über der Küche, war die so genannte „Kematn". Was mir jetzt ganz unmöglich erscheint und doch die volle Wahrheit ist, durch dieses Fleischkammerl, durch die Kematn, führte ein hölzerner Kamin von der Küche mit offener Feuerstelle durch den Dachboden ins Freie. Der Kamin führte knapp an der Wand vom Heuboden vorbei, welcher im Sommer mit Heu voll gestopft wurde, da ja die Hälfte vom Haus als Wirtschaftsgebäude genutzt wurde. An eine Feuergefahr wird wahrscheinlich niemand gedacht haben oder doch? Es ist Gott sei Dank nie etwas passiert. Feuerbeschau wurde damals jedenfalls keine durchgeführt, ich weiß zumindest nichts davon.

Weil mein Geburtshaus zwar nicht viel mehr, aber viel, viel größere Räume hatte als das Haus, das meine Eltern und meine Großeltern väterlicherseits bewohnten, bleib Onkel daheim. Er half, wo es notwendig war, mit, wurde aber dann bald bei einem größeren Bauern, wo der Besitzernachfolger einrücken musste und die Besitzerleute schon ziemlich alt waren, als Betriebshelfer eingeteilt, um mit den ausländischen Arbeitern, gefangenen Soldaten und heimatvertriebenen Frauen, die anfallenden Arbeiten zu erledigen. Ob er diesen Auftrag von der Gemeinde oder von der nationalsozialistischen Ortsparteileitung bekam, weiß ich nicht.

Nach einiger Zeit musste auch Onkel einrücken, nach Mährisch-Ostrau zur Ausbildung, er kam aber des Alters wegen nimmer an die vorderste Front sondern nach Hamburg zur Fliegerabwehr.

Weil Onkel eingerückt war und ohnehin nicht so schnell ans Einziehen in sein Haus, das Elternhaus meines Vaters, dachte, nahm er eine alleinstehende Frau in Wohnung, die sehr schön spinnen konnte. Sie spann für uns Schafwolle, so dass wir für uns drei Mädchen ganze Kleider stricken konnten. Obwohl sie nimmer die jüngste war, kam sie im Sommer helfen, wenn sie sah, dass wir bei der Heuarbeit waren.

Ihr Hobby war das „Fuadafassen“, das Heu- oder Getreidefuhrenmachen. Dazu hatte sie ein ausgesprochenes Talent und freute sich, wenn ein schön gestaltetes "Fuada" heimgefahren werden konnte. Diese ledige Frau hatte einen Sohn und eine Tochter und war lange als Dienstmagd bei Bauern tätig. Der Sohn war im Krieg gefallen, die Tochter konnte in eine kleinere Landwirtschaft einheiraten und die Tina, wie diese Frau hieß, konnte dann zu ihrer Tochter ziehen. Das hatten wir ihr von Herzen gegönnt. Wir hatten sie ja so lieb, sie war eine angenehme, heitere Frau, trotz ihrer Einfachheit.

Als mein Onkel wieder heimkam erzählte er, dass er gegen Kriegsende sechzehnjährige Buben zur Mithilfe zum Betätigen der Fliegerabwehrkanon bekam und wie diese, als es so herunterhagelte von den Kampfflugzeugen, laut anfingen zu weinen. Mir geht es kalt und heiß über den Rücken, wenn ich an meine Söhne denke, wenn sie mit sechzehn Jahren hätten müssen in den Krieg einrücken. Mein Bruder Michael wäre mit sechzehn Jahren drangekommen, wäre der Krieg nicht schon aus gewesen. Zur Musterung mussten die Sechzehnjährigen kurz vor Kriegsschluss noch gehen und wurden dort gewaltig gedrillt, sich freiwillig zu melden.

Wie es nun weiterging? Da September war, gab es viel Arbeit. Großvater konnte nimmer so, daher mussten wir mit Vater und Mutter fest zupacken. Bei uns in der Höhenlage von 1100 Metern zog sich ein Teil der Getreideernte manchmal bis in den Monat September hinein, dazu kam der zweite Schnitt vom Futter, Grummet, und nebenbei der Herbstanbau. Die Kartoffel- und Futterrübenernte zog sich bis in den Oktober hinein. Es wurden damals viel Erdäpfel und Rüben angebaut. Obwohl ein Teil dieser Produkte je nach Besitzgröße abgeliefert werden musste, hatten wir immer genug zu essen. Meine Eltern waren so sehr darauf aus, dass kein Fleckchen Boden unbebaut oder ungenützt blieb und auch alles bestens gepflegt wurde.

Vater hatte als Zusatz zum Ertrag aus seinem kleinen Betrieb auch ein wenig Korn angebaut. Das Stroh wurde zur Einstreu und das Korn zum Vermahlen für Brot verwendet. Dadurch war das Heu für Kühe und Schafe spärlich. Aus diesem Grund hatte er einige Jahre auf einer Almfläche, wo es für die Tiere zu steil und zu gefährlich war zum Weiden, das Futter gemäht und zu Tal transportiert. Dort konnte es dann für den Heimtransport auf einen Wagen geladen werden. Mit welchem Behelf er das Heu zu Tal gebracht hatte, hat er uns wohl beschrieben und erklärt, aber wenn man es nicht selber sieht, fehlt einem die Vorstellung. Ich kann mich nur erinnern, wie sehr er sich stets über diese gelungene Arbeit freute. Er meinte immer: „Das hat zwei Vorteile: Die Kühe haben mehr zu fressen und mir tut die Bewegung gesundheitlich gut.“ Er hatte nämlich durch das viele Sitzen beim Schuhe machen Probleme mit der Wirbelsäule. Er litt oft unter argen Kreuzschmerzen.

Handarbeitsunterricht

Gegen Ende meiner Schulzeit, das war 1941, also mitten im Zweiten Weltkrieg, da gab es in der Schule kein einheitliches Handarbeiten mehr für die Mädchen. Die Handarbeitslehrerin Hermine Burgstaller hatte nur uns zu unterrichten, die Buben hatten entweder turnen oder es gab ab und zu eine Arbeit wie zum Beispiel Holzschneiden oder -schlichten. Das Holz wurde von den Besitzern, je nach Besitzgröße von der Gemeinde genau eingeteilt, an die Schule gestellt. Die Buben gingen im Winter auch manchmal Schlittenfahren oder sie konnten früher heimgehen. Dies konnte der Oberlehrer bestimmen.

Der Handarbeitsunterreicht wurde in zwei Klassen unterteilt. In der ersten Klasse lernten wir Häkeln und einfaches Sticken, hauptsächlich das Stricken von Socken, Strümpfen, Pullovern und Jacken. In der zweiten Klasse, im vierten bis achten Schuljahr, kam das Nähen dazu, angefangen vom Nähfleck über Hemden, Unterhosen und Schürze bis hin zu einfachen Blusen und Dirndlkleidern. Es stand nur eine Nähmaschine zu Verfügung. Da gab es schon manchmal ein wenig Andrang.

Weil es im Laufe des Krieges nicht mehr möglich war, Materialien für einheitliches Arbeiten zu bekommen, sagte uns die Lehrerin: „Nehmt's mit, was ihr zu Hause habt, und macht's daraus, was ihr braucht, ich helfe Euch dabei." So kam es dann, dass die eine strickte, die anderen häkelten, stickten oder nähten. Das war eine gewaltige Anstrengung für die Lehrerin, so vielen Mädchen verschieden weiterzuhelfen und zu unterrichten.

Kurz nach Kriegsende entstandene Aufnahme von mir; der Stoff meiner Bluse stammt von einem abgeworfenen Fallschirm.

Diese Bereitschaft der Lehrerin nützte wiederum meine Mutter, sie hatte noch ein paar Stoffe im Kasten, sie gab mir ein Stück und ich nähte mit Hilfe der Lehrerin für mein zweijähriges Schwesterl ein herziges Dirndlkleidchen mit Schürze. Darauf war ich sichtlich stolz. Weil dieses Kleidchen so gut gelungen war, vertraute mir die

Mutter und ich bekam noch einen Stoff, der für mich und für meine größere Schwester für Dirndlkleider reichte. Sicherlich waren das nur einfache Waschdirndl und wurden nicht so aufwendig genäht wie die echten Trachten. Doch ich freute mich riesig über jede gelungene Arbeit, denn Mutter und Vater waren sehr dahinter, dass nichts verhaut wurde. Ging einmal leichtsinnigerweise etwas daneben, wurden wir schon sehr barsch zurechtgewiesen, aber niemals geschlagen oder geohrfeigt. Mutter sagte immer, das ist sehr gefährlich, da könnte ein bleibender gesundheitlicher Schaden entstehen.

Nach Kriegsschluss kamen zuerst die Wehrmachtskleider auf den Markt, Unterhosen, Socken, Schlafsäcke und dergleichen. Bei Socken gab's nie eine Not, diese fertigten wir aus Schafwolle. Aber um Schlafsäcke langten nur alle so. Aus den braunen Winterschlafsäcken wurden Mäntel geschneidert. Aus den Sommerschlafsäcken, die feldgrün waren, machten wir Herrenhemden und kurze Arbeitshosen. Ich kannte sogar einen Priester, welcher mit so einem Mantel unterwegs war. Ja, das kann sich jetzt kein Mensch mehr vorstellen. Sogar mir kommt jetzt vor, dass es so etwas überhaupt einmal gegeben hat, und doch ist es eine Tatsache und die volle Wahrheit. Anstatt zu protestieren und zu jammern, müssten wir dem Herrgott vom ganzen Herzen jeden Tag danken, dass wir in einem Wohlstandsland leben dürfen.

Welche Herausforderung das Unterrichten unter diesen Bedingungen für die Handarbeitslehrerin gewesen sein wird, kam mir erst später zu Bewusstsein. Vorerst einmal hatte sie eine gute Stunde Fußweg herauf bis zu unserer Schule, die zweiklassig war. Erste, zweite und dritte Schulstufe waren in der ersten Klasse, in der zweiten Klasse waren die übrigen Jahrgänge, insgesamt um die hundert Kinder, manchmal auch darüber. Außer der Handarbeitslehrerin mussten zwei Lehrkräfte diese Kinderschar bewältigen. Wenn's gar arg zuging, musste schon vom Staberl Gebrauch gemacht werden. Stand ja doch jedem Kind frei, ich hab das Staberl nie zu spüren bekommen. Jetzt wäre es strafbar, was ich gar nicht für richtig finde. Ich bin absolut nicht fürs Zuschlagen auf die Kinder, wir sind auch nicht geschlagen worden von unseren Eltern, wir hatten so sehr Respekt, dass ein lautes Reden auch half. Doch wie man hört, wie es jetzt in den Schulen manchmal zugeht, dass Kinder schon gegen die Lehrer gehen, das kann zu keiner guten Zukunft führen. Da wäre meiner Ansicht nach in solch einem kritischen Fall ein kleiner Staberlklopfer nicht fehl am Platz.

Mein letztes Schuljahr

Das Schuljahr 1940/41 war mein letztes Schuljahr. Im Jänner 1941 war ich vierzehn Jahre alt. Bis zum Schulschluss im Juli hätte ich zur Schule gehen müssen. Meine Mutter erwartete ihr jüngstes Kind. Mein Vater stellte an den Bezirksschulrat oder an die Kreisbauernschaft, das weiß ich gar nimmer so genau, ein Ansuchen, um mich aus der Schule zu entlassen. Das wurde ihm gewährt, denn im Krieg und zur damaligen Zeit überhaupt zählte ohnehin nur die Arbeit. Für mich war es eine Katastrophe, zu gern wäre ich noch in die Schule gegangen. Aber es war halt einmal so, man musste sich ohnehin mit allem abfinden, ob es einem passte oder nicht. Zum Glück mochte ich auch die Arbeit gerne. Die Arbeit fiel mir nie schwer. Zu Ostern beendete ich meine Schulzeit. Ein neuer Lebensabschnitt begann wieder. Musste ich bisher und das auch in der Früh vor der Schule im Kuhstall meiner Eltern, welcher jetzt nach dem Betriebstausch meinem Onkel gehörte und zu jener Zeit an meine Eltern verpachtet war, die Jungrinder, welche dort eingestellt waren, versorgen und füttern, so wurde diese Aufgabe nunmehr meiner Schwester Rosa übertragen.

Krankenpflege

Im Jahre 1942 erkrankte meine Großmutter väterlicherseits an einem Schlaganfall. Es gab damals keine Einlieferung in ein Krankenhaus. Es erklärten sich ihre drei Töchter dazu bereit, sie abwechselnd zu pflegen. Dafür konnten sie sich Großmutters Vermögen teilen, was wohl nicht allzu groß gewesen sein dürfte. Wenn man wieder bedenkt, mit welch bescheidener Entlohnung die Menschen damals zufrieden gewesen waren. Großmutter war doch einige Monate im Bett, bevor sie starb. Erlitt zu jener Zeit eine Person einen Schlaganfall, gab es wohl kaum mehr Hoffnung auf eine Genesung.

Sie war einfach zu Hause zu pflegen, was manchmal nur ein paar Tage, Wochen oder Monate, in manchen Fällen aber über Jahre hindurch dauerte. Allerdings kamen solche Fälle damals seltener vor als jetzt. Auch kann ich mich nicht an Schlaganfälle oder Herzinfarkte bei jüngeren Menschen erinnern. Oder es wurde einfach übergangen, so dass gar keine richtige Diagnose gestellt wurde, ich weiß es nicht.

Noch im selben Jahr starb meine Großmutter. Großvater väterlicherseits wurde, da er auch schon die meiste Zeit im Bett verbrachte, in mein Heimathaus umquartiert. Bei der Pflege von Großvater half meine Schwester Rosa der Mutter mit Begeisterung mit. Das war ihr wohl angeboren, da sie später ins Kloster eintrat und die Krankenpflege erlernte.

Meine Mutter besuchte sehr gern schwerkranke Menschen in der Nachbarschaft und Verwandtschaft und blieb auch in der Nacht dort, wenn Hilfe in der Pflege benötigt wurde. Meine Mutter sah darin eine Lebensaufgabe.

Überhaupt gab es zu jener Zeit viel mehr ehrenamtliche Tätigkeiten als heute, hauptsächlich auch in der Krankenpflege. War in der Nachbarschaft oder in der näheren Umgebung jemand schwer krank und bettlägerig, so dass er rund um die Uhr Pflege und Beaufsichtigung brauchte, wurde es unter Nachbarn und Verwandten abgesprochen und es hat sich immer jemand für die Pflege bereit erklärt. Das galt vor allem für die Betreuung in der Nacht, damit die Hauspersonen entlastet wurden. Das habe auch ich noch praktiziert. Das tat man willig, ja sogar mit Freude und natürlich ohne Entgelt.

War diejenige Person verstorben, wurden dann die besseren Kleider dafür verteilt. So viel Kleidung wie jetzt hatte damals überhaupt niemand. Es wurde auch jedes Kleidungsstück so lange getragen, bis es zum Flicken auch nimmer ging. Vom Flicken sprach man, wenn man irgendeinen Stofffleck über ein Loch einfach darüber nähte. Ja, mit so geflickten Kleidern und Schürzen sind wir auch zur Schule gegangen. Da erinnere ich mich an meine Handarbeitslehrerin, welche ich weit über meine halbe Schulzeit erleben durfte. Diese war sehr geschickt. Sie hat uns Kindern beigebracht, wie man Kleider einstückelt und Teile von alten Kleidern, die noch nicht verschließen waren, mit Stoffresten kombiniert und so zusammenstückelt, dass es ganz nett aussah. Das war dann in der Kriegszeit ein großer Vorteil, weil man nichts mehr zu kaufen bekam. Natürlich musste auch der Wille vorhanden sein, dies zu erlernen, den nicht jedes Mädel hatte.

Unsere Mutter litt schon längere Zeit an einem Leistenbruch. Die Inanspruchnahme eines Arztes wurde immer hinausgeschoben, so lange es nur ging. Das hatte diesmal böse Folgen. Mutter war mitten im Brotbacken, da bekam sie fürchterliche Schmerzen. Sie konnte nicht mehr weitermachen. Wir waren noch sehr jung und dieser Arbeit noch nicht vollständig gewachsen. Es wurden ja zehn, zwölf und noch mehr Laibe auf einmal gebacken. Zum Glück hatten wir eine liebe Nachbarin, welche in so einem Fall sofort einsprang. Meine Schwester wurde geschickt, den Arzt zu holen. Ich musste dem Vater helfen, die Mutter zu betreuen. In der Angst um die Mutter ist meine Schwester die ganze Strecke zum Arzt gelaufen, so schnell, dass sie die Strecke, welche bei normalem Gehen eineinhalb bis zwei Stunden in Anspruch nahm, in einer halben Stunde bewältigte. Der Arzt hatte schon ein Auto, konnte aber nicht bis zu meinem Heimathaus fahren, er musste noch eine ziemliche Strecke zu Fuß gehen. Als der Arzt angekommen war, sagte er: „Sofort ab ins Krankenhaus, der Bruch ist eingeklemmt und muss operiert werden.“ Kummer und Angst um unsere Mutter schwebte in unseren Köpfen. Es war Anfang Februar und tiefer Winter und wo war das Krankenhaus. Wir richteten aus Stroh und Polstern auf einem Pferdeschlitten eine Liegegelegenheit, auf die wir die Mutter betteten, so gut es nur ging. So wurden dann ungefähr vier Kilometer zurückgelegt, wo dann bereits der Rettungswagen wartete. Mutters Zustand war schon sehr ernst. Es musste ihr das Stück Darm, welches eingeklemmt war, entfernt werden, da es bereits abgestorben war. Sie wird furchtbar Schmerzen gehabt haben, meine Mutter, bis sie trotz raschen Handelns Hilfe bekommen hat.

Wenn ich zurückdenke an diese Zeit, wie wir aufgewachsen sind und gelebt haben, ohne Strom, ohne Telefon, mit keinem Auto erreichbar, vier bis fünf Kilometer nur Gehsteige und ein schmaler, steiler Karrenweg, da wundert's mich im Vergleich zu heute, dass in unserem Gebiet überhaupt jemand überlebt hat. Mutter hatte sich Gott sei Dank von dieser schweren Situation wieder derfangen, zu unser aller Glück.

Meine zwei jüngeren Geschwister waren noch ganz kleine Kinder, leider habe ich mir das Jahr nicht gemerkt, jedenfalls war es Anfang der Vierzigerjahre, es war noch im Krieg. Mutters Krankenhausaufenthalt dauerte mehrere Wochen. Vater besuchte die Mutter ein paar Mal in der Woche, aber wir Kinder konnten kein einziges Mal zur Mutter. Wir mussten daheim die Arbeit machen und auf die kleinen Geschwister schauen. In der Kriegszeit, wo die Fahrtverbindung schon so schlecht war, nahm ein Krankenhausbesuch einen vollen Tag in Anspruch. Also ging Vater immer schon zeitlich in der Früh weg, zwei Stunden zu Fuß zum Postbus. Der Postbus brachte dann die Reisenden zur Bahnstation, wo es dann mit dem Zug weiterging bis zum Krankenhaus Judenburg. Obwohl wir Kinder traurig waren, dass wir die Mutter nicht besuchen konnten, waren wir doch froh und glücklich, wenn Vater uns jedes Mal über die fortschreitende Genesung der Mutter berichten konnte. Dass er immer selbst gefahren ist und auch nie eines von uns Kindern mitgenommen hat, konnte ich nie begreifen. Es wurde aber nicht darüber gesprochen und fragen traute man sich auch nicht. Später dachte ich darüber nach und kam auf den Gedanken, dass der Zustand der Mutter so schlecht gewesen sein wird, dass Vater es uns gar nicht gesagt hat.

DER KRIEG GEHT ZU ENDE

Letzte Kriegswochen und Kriegsende

Diese Zeit haben wir mit gemischten Gefühlen erlebt. Einerseits war die Freude übergroß, wie es geheißen hat, der Krieg ist zu Ende. Ja so groß, dass meine Mutter das Lied „Großer Gott wir loben dich“ angestimmt hat und wir sangen es laut fertig.

Welch schreckliche Angst herrschte um die Jugend, es mussten ja die sechzehnjährigen Burschen schon zur Musterung gehen, dabei war auch mein Bruder Michael. Wie mein Bruder dann erzählte, wurden sie gewaltig gedrängt, sich freiwillig zum Einrücken zu melden. Doch die Burschen haben sich schnell untereinander abgesprochen, und weil sich fast keiner freiwillig meldete, wurden sie gehänselt, beschimpft und als Feiglinge hingestellt. Mädchen in meinem Alter und einige Jahre älter wurden eingezogen zur Fliegerabwehr und zum Arbeitsdienst. Auch ich bekam die Aufforderung zur Musterung, brauchte aber nicht antreten, weil ich von der Landwirtschaft kam. Die Landwirtschaft wurde sehr gefördert wegen der dringend benötigten Versorgung mit Lebensmitteln.

Damals wurde großer Wert gelegt auf die Lebensmittelproduktion jedes Einzelnen, auch auf die der kleinsten Betriebe. Es bekam jeder Betrieb je nach Größe eine Vorschreibung zum Abliefern von Schlachtrindern, Getreide, Butter, Kartoffeln und auch Kraut. Der Anbau musste dementsprechend berechnet werden. Manchmal kam es vor, dass von einer nationalsozialistischen Kommission stichprobenartige Kontrollen durchgeführt wurden und wenn von einem Produkt zu viel vorrätig gefunden wurde, musste alles sofort abgegeben werden. Da hat sich dann so mancher Besitzer auf die Art geholfen, dass er Truhen oder Kisten mit Getreide gefüllt im Heustoß vergraben hat, unter großer Angst, dass niemand drauf kommt. Darauf gab’s gar nicht so geringe Strafen, sogar bis hin zur Verhaftung.

Von den sonstigen Kriegsereignissen waren wir am Land nicht so sehr belastet wie die Menschen in den Städten. Das galt auch für die Bombenangriffe. Nur drei Bomben wurden in meiner Heimatpfarre abgeworfen und zwar in der Nähe vom Barackenlager, welches für den Reicharbeitsdienst errichtet und gegen Kriegsende in ein Lazarett umgestaltet wurde, das auch nach dem Krieg noch einige Jahre als Krankenhaus diente. Diese drei Bomben trafen zum Glück nicht das Lager, sondern schlugen ganz in der Nähe auf einer Wiese ein, wo außer einem Bombentrichter kein weiterer Schaden entstand. So ganz von Angst befreit waren wir auf dem Land auch nicht, wenn eine Fliegerstaffel mit zwanzig bis dreißig Bombern über unser Gebiet drübersurrte. Diese Staffeln waren begleitet von den Tieffflugjägern, da war man nie sicher, ob sie nicht herunterschossen, da sind wir schon in Deckung gegangen.

Ein besonders angst- und beschwerdevoller Tag, den ich bis heute nicht vergessen habe und nie vergessen werde, war für mich der Josefitag am 19. März 1945.

Meine Eltern bekamen die Aufforderung zum Abliefern eines Schlachttiers. Ich wurde dazu bestimmt, einen Ochsen zum nächstgelegenen Verladebahnhof zu treiben, welcher ungefähr viereinhalb bis fünf Stunden entfernt war. Mit einem Nachbarn, welcher die Ablieferung von zwei Tieren vorgeschrieben bekam, wurde abgesprochen, gemeinsam zu treiben. So trieben wir zu zweit die drei Stück Vieh in aller Früh, als es noch lange finster war, weg. Der Nachbar ging voran und ich hatte hinten die Tiere zu treiben. Mein Ochs war ein sehr gutmütiges Tier, doch die Kalbinnen vom Nachbarn waren trainiert durch die Zugarbeiten. Diese wollten immer umkehren und zurücklaufen. Als wir schon längst auf der Straße waren, glaubte ich, die Tiere hätten das Umkehren vergessen. Doch plötzlich machten die beiden Kalbinnen kehrt, ich war zu langsam und so musste ich, um sie einzuholen, in weitem Bogen neben der Straße auf der Wiese so schnell laufen, dass ich auf der Straße vor die Tiere kam. Mir ist es gelungen, schneller zu sein als die Tiere. Das ist mir noch so gut in Erinnerung, ich bekam fast keine Luft, ich spürte nur mehr ein Stechen in der Brust und drohte zusammenzubrechen. Mein Ochs war schon so müde, dass er derweil ruhig stehen blieb. Während ich die Kalbinnen wieder vorwärts trieb, kam mir der Nachbar seelenruhig ein Stück entgegen. Zum Glück hat sich meine Überanstrengung schnell wieder gelegt. Auch kamen noch ein paar Treiber

Mein Identitätsausweis aus der Besatzungszeit

mit Tieren aus der Umgebung nach und mit mehr Tieren und mehr Treibern ging dann das Treiben leichter.

Auf dem Bahnhof angekommen, wurden die Tiere gewogen und auch gleich ausbezahlt. Viel Geld gab's für die Schlachttiere nicht. Drei Tierbesitzer, ältere Männer, eilten zur Bushaltestelle und fuhren mit dem Postbus heim und wir Jüngeren mussten zu viert bei den Tieren bleiben, bis die Zeit zum Verladen kam. Unter uns Jüngeren war auch der Nachbar, mit dem ich die Tiere treiben musste. Er war der älteste von vier Brüdern und vom Militärdienst enthoben, da seine Eltern schon sehr alt waren.

Als die Tiere verladen und wir von der Tierbeaufsichtigung befreit waren, ging es schon dem Abend zu. Den ganzen Tag hatten wir der Tiefflieger wegen eine panische Angst ausgestanden, denn gegen Kriegsende blieb fast kein Tag aus, an dem nicht eine Flugstaffel drüberbrummte. Eine Treiberin, eine junge Frau, schob beim Treiben ein Fahrrad mit, um damit nach Hause zu fahren. Als sie sich auf das Rad setzen wollte, schnappte ihr jener benachbarte Treiber das Rad weg. Er nahm die Radbesitzerin aufs Rad, setzte sich selber drauf und fuhr mit ihr davon. So blieb ich mit einem schmächtigen Buben zurück. Nach kurzer Gehzeit wurde es bereits finster und wir hatten noch über vier Stunden an Wegstrecke zu bewältigen. So klatschten wir die Straße entlang bis zu einem Abkürzungssteig, welcher ziemlich steil bergauf auf unsern Berg führte. Ich war ja auch schon sehr müde, aber der Bub war so erschöpft, dass er sich immer wieder niedersetzen musste. Ich konnte ihn nicht zurücklassen und so war es halt weit über Mitternacht, als ich nach Hause kam.

Wenn ich später den benachbarten Treiber traf, hatte ich immer gemischte Gefühle. Dabei habe ich gelernt, nie in meinem Leben einen Menschen auszunützen.

In den letzten Kriegswochen warfen die feindlichen Flieger bündelweise Flugzettel ab. Auf unserm Acker sammelten wir eine ganze Menge solcher Zettel ein. In deutscher Sprache stand darauf zu lesen: „Liebe Österreicher und Österreicherinnen, habt keine Angst, wir werden Euch befreien.“ Die Angst von den Tieffliegern war weg.

Zur Freude über den Kriegsschluss und die nach und nach heimkehrenden Soldaten mischte sich die Trauer um die vielen Gefallenen und die Ungewissheit über das Schicksal der Vermissten. In unserer ungefähr 2.000 Einwohner zählenden Pfarrgemeinde waren es 108 Gefallene und 20 vermisste Soldaten, welche die Heimkehr nicht erleben konnten, lauter junge Männer in den besten Jahren. Verständlich, dass viele junge Frauen auf einen Partner verzichten mussten.

Knapp vor Kriegsschluss kamen viele Flüchtlinge aus der Ost- und der Untersteiermark in unsere Gemeinde, aus Angst von der russischen Besatzung. Das Schulhaus wurde vollgestopft. Zum Schlafen wurde auf dem Boden Stroh ausgebreitet. Einige konnten in den Bauernhäusern untergebracht werden.

So kam auch eine ältere Gärtnerfamilie ins Elternhaus meines Vaters. Sohn und Tochter zogen wieder weiter, die Eltern blieben für längere Zeit. Wie wir später herausbekommen haben, waren die beiden wahrscheinlich Mitglieder der nationalsozialistischen Partei. Sie haben auch mitgeholfen, hauptsächlich die Frau bei der Pflege des Kartoffel- und Rübenackers. Mutter hat ihnen dafür Lebensmittel gegeben, Milch, Brot, Eier, Erdäpfel und auch Butter und Fett. Dafür waren sie sehr, sehr dankbar, denn zu Kriegsende waren die Rationen auf der Lebensmittelkarte mehr als knapp. Weil Mutter bei der Gartenarbeit vom Gärtnerehepaar Dostal so sehr unterstützt wurde, hat Vater uns in den Wald mitgenommen zur Waldarbeit.

Mutter hatte auch so manche Gartentipps von der Gärtnerin bekommen. Meine Mutter hat nie gesagt: „Das kann ich schon“, oder „das kann ich eh“. Sie war immer aufgeschlossen für etwas Neues und stets sehr lernwillig. Ihre ganzen Kenntnisse, und das waren nicht wenige, hat sie in der Praxis erworben. Was sie erfahren hat, hat sie mit ihrem Wissen oder Können vereinbart und das Bessere herausgenommen. Das habe ich von der Mutter gelernt und praktiziere es auch heute noch.

Kriegs- und Nachkriegswirtschaft

In den letzten Kriegs- und ersten Nachkriegsjahren hieß es „arbeiten und produzieren, produzieren und arbeiten". Für alles gab es reißenden Absatz, für das vorhandene, beim Zusammenbruch entwertete Geld bekam man jedoch fast nichts zu kaufen. Weil Österreich von Deutschland plötzlich wieder getrennt wurde und nicht mehr Ostmark hieß, bekamen wir auch unseren Schilling wieder. Nach dem Anschluss an Deutschland, bei dem der Schilling von der Reichsmark abgelöst worden war, erlebten wir nun nach Kriegsende eine zweite Geldentwertung. So musste nochmals von vorne angefangen werden.

Auch wenn ich einiges nicht mehr so genau schildern kann, so kann ich mich daran erinnern, dass wir für das bissl Geld auf der Bank sogenannte „Interimsscheine" erhielten. Das war so eine Art Gutschrift, die allerdings nur einem kleinen Prozentsatz vom eigentlichen Betrag entsprach. Solche Interimsscheine konnte man im Geschäft gegen Produkte einlösen, falls welche vorhanden waren. Das alles wurde von den Menschen gar nicht so tragisch genommen, die Hauptsache war, dass der Krieg aus war. Das Traurigste jedoch war, dass so viele junge Männer vom Krieg nimmer zurückkamen und manche noch in Gefangenschaft verweilen mussten. Aber was half es, es musste weitergehen. Allmählich wurden die Zwangsablieferungen aufgehoben beziehungsweise gingen ins Freiwillige über und der Verkauf der überschüssigen Produkte wurde mit der Neueinführung des Schillings interessanter. Mit der ganzen Wirtschaft musste sozusagen von Grund auf neu angefangen werden. Butter wurde nach wie vor viel gebraucht und gerade hier ging es am schnellsten, dass sich die Bauern finanziell erholten. Um Schweinefleisch zu produzieren, wurde uns pro Schwein ein gewisses Quantum Getreide in Aktion zur Verfügung gestellt, welches erst bei der Lieferung der Schweine bezahlt werden brauchte. Solche und ähnliche Aktionen wurden gewährt, damit sich die Bauern finanziell erholen konnten, vor allem aber auch, um den Lebensmittelbedarf zu decken. Eine weitere Aktion umfasste Weizenmehl, welches wir ganz billig zugeteilt bekamen. Es hat geheißen, es sei eine Spende aus Amerika für Österreich. Solches Mehl hatten wir vorher noch nicht gekannt. Es war schneeweiß und eignete sich sehr gut zum Kochen und Backen. Wenn wir schon auf so manches verzichten mussten, Hauptnahrungsmittel Brot, Fleisch, Milch und Butter hatten wir immer genug. Auch wurden viel Erdäpfel und Gemüse, zudem Erbsen und Bohnen angebaut. Wie schon erwähnt, wir hatten immer genug zu essen.

Eine Zeit lang nach dem Krieg behielten die Lebensmittel- sowie die Tabak- und Kleiderkarten noch ihre Gütigkeit. In dieser Zeit gab es einen richtigen Schwarz- oder besser gesagt Tauschmarkt. Nichtraucher konnten um die Tabakkarten ganz schön was erwerben. Wann genau die Lebensmittel- und Kleiderpunktekarten abgeschafft wurden, das ist mir einfach nicht mehr in Erinnerung. Jedenfalls wurde gleich nach Kriegsschluss ein reger Tauschhandel betrieben. Stadtmenschen kamen mit Stoffresten, allerlei Kleidungsstücken und sogar mit verschiedenen Gegenständen aufs Land, um dafür Lebensmittel zu bekommen. In erster Linie war Schweinefett gefragt, aber auch Eier und Butter, gelegentlich Schnaps und Speck. Meine Mutter hat sich in solche Tauschereien nicht allzu sehr eingelassen. Ich kann mich nur an ein paar Stoffreste erinnern, welche sie eintauschte, von Kleidungsstücken und anderen Gegenständen war sie nicht allzu begeistert. Sie sagte immer, „wofür ich keine Verwendung habe und was mir nicht passt, das brauche ich nicht.“ Eher hat sie was gespendet. Beim Spenden war sie nicht kleinlich. So viele Kleidungsstücke wie jetzt gab es dazumal überhaupt nicht, die leichter waschbare Kleidung wurde ohnehin solange als Arbeitskleidung getragen, bis vom Grundmaterial nimmer viel vorhanden war. Auf eins kann ich mich als Kind noch gut erinnern. Meine Großmutter väterlicherseits konnte sehr gut „flicken“, sprich Kleider ausbessern, da hat sie mir ein Schürzerl so sehr „geflickt“, dass vom Grundstoff, aus dem das Schürzerl gefertigt war, nimmer viel vorhanden war. Es wurden schon solche „Fleck“ genommen, welche so einigermaßen dazu und zusammenpassten. Ja, mit dieser Schürze bin ich in die Schule gegangen und hatte sogar eine Freude damit. Sie hatte wenigstens kein Loch. Mit geflickten Kleidern in die Schule gehen, war gang und gäbe. Nur wenn Kinder mit zerrissenen Kleidern in die Schule kamen, was auch vorkam und zwar hauptsächlich bei Ziehkindern, waren diese arm, weil sie ja doch manchmal verspottet wurden, ohne etwas dafür zu können.

Ein Mann, welchen unsere Mutter aus ihrer Jugendzeit kannte und dann wegzog, kam auf Besuch, so wie viele andere Menschen der Lebensmittel wegen alte Freundschaften aufsuchten. Jener Mann, Merl Toni hieß er, sah unsere einfache Waschgelegenheit und meinte, er hätte ein Waschbecken, welches er nicht unbedingt brauche. Er arbeitete nämlich in der Email-Fabrik. Meine Eltern waren froh, ein solches zu erwerben, natürlich gegen Lebensmittel, und so wurde ich nach Apfelberg bei Knittelfeld geschickt, das Waschbecken zu holen. Ich fuhr mit dem Fahrrad nach Oberwölz, von dort, wie üblich, mit dem Postbus bis zur Bahnstation und mit dem Zug nach Knittelfeld. Vom Bahnhof weg musste ich allerdings das Haus vom Herrn Merl Toni in Apfelberg zu Fuß suchen. Obwohl er uns, als er auf Besuch war, genau beschrieben hatte, wie wir ihn finden könnten, verging halt doch eine ziemliche Zeit. Ich bekam zu essen, einen großen Rucksack hatte ich mit, in dem wir das Waschbecken einpackten und so marschierte ich mit diesem auf dem Rücken wieder zum Bahnhof. Weil gegen Ende des Krieges und auch nachher die Zugverbindungen noch sehr schlecht waren, erreichte ich gerade noch den letzten Zug, der leider nur mehr bis Unzmarkt fuhr. Dort wurde uns vom Schaffner gesagt, dass der Zug erst morgen Früh wieder weiterfahren würde. Alle Reisenden mussten aussteigen und sich irgendwo ein Nachtquartier suchen. Was soll man schon, wenn man keinen Bekannten hat im Ort. So suchten viele, auch ich, Unterkunft im Warteraum im Bahnhofsgebäude. Den Rucksack mit dem Waschbecken lehnte ich auf die Bank, ich lehnte mich dazu und so verbrachte ich die Nacht. Am nächsten Morgen ging's weiter mit dem Zug bis Scheifling, mit dem Postbus bis Oberwölz und von dort mit dem Fahrrad wieder heim. So hat es zu jener Zeit geheißen, „Gott sei Dank, dass du wieder gut da bist." Verständigen konnte man sich in keiner Weise, da es bei uns noch lange nach dem Krieg kein Telefon gab, auch kein Auto. Wenn es möglich war, wurde viel mit dem Fahrrad erledigt, ansonsten machte man alles zu Fuß.

Als sich die Preise für die Produkte schön langsam zu normalisieren anfingen, wurde das Arbeiten und das Trachten nach mehr immer interessanter. Immer noch waren meine Eltern sehr dahinter, dass kein Fleckchen Boden ungenützt blieb und bei der Heigarbeit durfte kein Schüppel am Boden zurückbleiben. Ich habe meinen Vater noch in Erinnerung, wie er bei der Mäharbeit, wenn er mit der Sense vom Zaun und den Zaunstecken nicht das ganze Gras wegkriegte, sich hinkniete und das Gras mit dem Taschenfeitel abschnitt. Einerseits damit nichts zurückblieb, andererseits musste es überall saubere Arbeit sein. So ging es nun mit Volldampf an die Aufbauarbeit. Ich war bei Kriegsschluss ein paar Monate über achtzehn Jahre, meine Schwester Rosa noch nicht ganz siebzehn, mein Bruder Michael noch nicht ganz sechzehn Jahre alt und die zwei jüngsten Geschwister Anna und Peter kleine Kinder. Wir drei älteren hatten die Schule beendet und so hieß es arbeiten und wieder arbeiten.

Dankwallfahrt und Jugendtreffen

Schöne Erlebnisse gleich nach dem Krieg waren die Dankwallfahrt nach Mariazell und das erste Jugendtreffen in Graz. Die Wallfahrt nach Mariazell nahm zwei Tage in Anspruch. Mein Bruder und ich fuhren mit. Gefahren wurde mit Lastwägen. Busse standen damals nicht so viele zur Verfügung. Pilger zu dieser Dankwallfahrt kamen von allen Seiten der Steiermark und auch aus den umliegenden Bundesländern. Wir freuten uns ja sehr, dass wir wieder Steirer waren, denn in der Zeit der Nazis hieß unser schönes Österreich „Ostmark“ und die Bundesländer wurden „Gaue“ genannt.

Auf den Lastwägen waren Bänke montiert, wie sie festgemacht waren, weiß ich nicht, da hab ich mich nicht drum gekümmert. Jedenfalls saßen wir gut, es war sehr lustig und wir konnten den Blick auf die Landschaft richtig genießen. Wegen der enormen Pilgerzahl gab’s bei den Nachtquartieren einen Engpass. Es konnten nur die Älteren in Zimmern untergebracht werden. Alle Jüngeren mussten in den Ställen im Heu schlafen. Ich kann mich auch noch gut erinnern daran. Vorsichtshalber mussten wir eine Decke mitnehmen. Mäntel oder Jacken brauchten wir auch bei der Fahrt auf dem offenen Lastwagen. An Abendessen und Frühstück kann ich mich gar

Dankwallfahrt Mariazell ...

… unmittelbar nach Kriegsende

nimmer erinnern, wird nicht so genau gewesen sein, denn Jause hatten wir damals zu jeder Fahrt reichlich mitgenommen. Die Hinfahrt ging über Bruck, Seewiesen und Seeberg, die Heimfahrt durchs Gesäuse, einfach und doch schön.

In Mariazell war für mich die abendliche Lichterprozession der Höhepunkt, die ich bei keiner weiteren Mariazeller Wallfahrt mehr mitmachen konnte. Anschließend wurde am Hauptplatz vor der Kirche das Festspiel „Jedermann“ aufgeführt, an das ich mich noch ganz gut erinnern kann.

Das erste Jugendtreffen nach dem Krieg war für mich genauso ein schönes Erlebnis. Die Teilnahme war so reichlich, dass von allen Seiten der Steiermark Sonderzüge eingesetzt waren. Vom Hauptbahnhof bis zum Freiheitsplatz, wo die Feierlichkeiten stattfanden, marschierten wir alle zu Fuß. Die große Teilnehmerzahl und die Kontakte mit verschiedenen Jugendlichen waren für mich ein schönes Erlebnis. Der Höhepunkt allerdings war der Festgottesdienst mit der Festansprache vom Jugendseelsorger, von der mir noch ein paar Sätze im Kopf geblieben sind.

Weiterbildung

Um der Jugend die Möglichkeit zu geben, das durch den Krieg versäumte Lernen aufzufrischen und nachzuholen, wurden schon im Herbst 1945 vom „Volksbildungswerk“ St. Martin Fortbildungsschulen und -kurse ins Leben gerufen. Von unserer Gemeinde wurde verlautbart, dass sich der Schuldirektor vom Ort bereit erkläre, in unserer Bergschule einen Fortbildungskurs zu halten. Es gab reichliche Anmeldungen, auch von jungen Heimkehrern. Mein Bruder und ich meldeten uns mit Begeisterung. Diese Fortbildungsschule erstreckte sich über zwei Winter. Tagsüber war in der Schule ja Unterricht für die Kinder und auch der Lehrer hatte selbst in seiner Schule im Markt zu unterrichten. Daher wurde der Fortbildungsunterricht in den Abendstunden bis spät in die Nacht hinein angesetzt. Weil es in unserer Berggemeinde noch keinen Strom gab – erst in den Jahren 1957-1958 wurden wir damit versorgt, musste dieser Unterricht bei Petroleumlicht erfolgen. Weil auch in der Nachkriegszeit Petroleum noch nicht in gewünschter Menge zu bekommen war, ist mir noch in

Erinnerung, dass die Gemeinde eigens ein Ansuchen stellen musste, um es für diesen Zweck zu bekommen. Eigentlich war dieser Kurs für Burschen und Männer gedacht, ausnahmsweise wurden auch vier interessierte Mädchen dazu genommen, ich war auch dabei.

Es war schon ein Opfer von diesem Volksschuldirektor, Herrn Brunner, den einstündigen Weg zu Fuß auf den Berg herauf und mitten in der Nacht heim auf sich zu nehmen, und das ein- bis zweimal in der Woche. Damals dachte sich niemand was dabei, es gab ja nichts anderes als das zu Fuß gehen. Jedenfalls hatten die wenigsten Menschen mit Übergewicht zu kämpfen. Inzwischen ließ sich die ansässige Lehrerin von unserer Bergschule, Frau Olga Schlömicher, in St. Martin zusätzlich zum Abhalten von Haushaltungskursen ausbilden. Sie war zu dieser Zeit auch Gemeindesekretärin in unserer Berggemeinde. Später, Anfang der Sechzigerjahre, wurden die vier Umgebungsgemeinden zur Marktgemeinde zusammengelegt. Da diese Lehrerin damals die große Oberlehrerwohnung im Schulhaus bewohnte, war es ihr möglich, die Kurse im Schulhaus abzuhalten. Im Herbst 1947 ließ Frau Schlömicher in der Kirche verkünden, sie wäre bereit, einen Hauswirtschaftskurs für Mädchen zu halten.

Meiner lernwilligen Mutter ihr größtes Leidwesen war es, dass sie nie eine Möglichkeit hatte, sich irgendwie in gehobenen Kochkünsten weiterzubilden. Sie musste jahrelang auf ihre kranke Mutter schauen. Haushalt, Fleischverarbeitung, Brot backen und das Backen von Germspeisen wurde von Generation zu Generation weitergegeben. So meldete sie mich bei diesem ersten Haushaltungs-, Koch - und Nähkurs gleich als erste an. Das tat sie spontan und ohne mich vorher zu fragen. Ich freute mich sehr darüber und genauso groß war die Freude meiner Mutter, lernte sie doch mit mir mit. Die Zahl der Teilnehmerinnen war aus Platzgründen auf acht beschränkt. So mussten jene, die keinen Platz bekamen, auf den Kurs im nächsten Jahr warten.

Weil Frau Schlömicher das Nähen nicht so beherrschte, nahm sie die damalige Handarbeitslehrerin, Frau Hermine Burgstaller, zur Hilfe. Also hatten wir acht Teilnehmerinnen, unter denen ich die jüngste war, zwei Lehrerinnen zur Verfügung. Die Kurszeit dauerte vom Herbst bis in den Frühling, wo dann ähnlich wie bei der Fortbildungsschule die Schlussfeier stattfand. Diese Schlussfeiern wurden dazumal auch schon schön und feierlich gestaltet. Dazu war auch ein Vertreter vom Volksbildungswerk anwesend. Ich wurde eingeteilt für einen Vortrag und musste das Brotbacken erklären. Ich spüre heute noch die Aufregung!

Diese Kurse wurden sicher vom Volksbildungswerk oder vom Land gefördert. Ich weiß es nicht genau. Außer den Materialien und den Zutaten zum Kochen brauchten wir keinen Beitrag zu zahlen. Die wichtigsten Grundstoffe zum Kochen, Mehl, Fleisch, Milch, Butter und Eier, auch Erdäpfel und Gemüse falls vorhanden, nahm eine jede von zu Hause mit. Die eine dies und die andere das oder auch jede von allem etwas. Das wurde abgesprochen. Wie viel Tage bzw. Stunden für diese Kurse vorgeschrieben waren, weiß ich einfach nimmer. Jedenfalls kamen wir vom Herbst bis in den Frühling jede Woche einmal, manche Woche auch zweimal, zusammen und es dauerte dann von der Früh bis hin zum Abend. Wir wurden jeweils zu viert in zwei Gruppen eingeteilt, in eine Koch- und eine Nähgruppe. Zur Kochgruppe gehörte auch das Geschirrabwaschen und das Putzen der Räume. Der Nachmittag stand allgemein fürs Nähen, Handarbeiten und für die Koch- und Wirtschaftslehre zur Verfügung. Es war jedenfalls eine sehr lustige Gemeinschaft. Manchmal wurde auch ein bissl gesungen und allerhand erzählt.

Ich erinnere mich noch an den ersten Kurstag. Als ich mich nach der Stallarbeit und dem Frühstück fertigmachte und gehen wollte, kamen mein Vater und mein Bruder und schimpften los. Sie haben sogar gesagt: „Hinuntergehen in die Schule, zusammenhucken, nur essen und nichts arbeiten.“ Mein Bruder schloss sich halt dem Vater an. Ich wollte schon aufgeben, da wurde die Mutter laut. Sie sagte: „Jetzt geh schön schnell, wenn’st nimmer da bist, bist nimmer da.“ Auf keinen Fall will ich meinem Vater ins Grab hinein einen Vorwurf machen. Die Einstellung war halt damals so. Es zählte nur die Arbeit! Je schneller und schwerer ein Mensch arbeitete, um so höher wurde er gepriesen. Darauf hin wurden junge Menschen erzogen. Manche befehlshabenden Bauern waren sogar der Meinung, die jungen Menschen gehörten niedergehalten. Das wurde auch so praktiziert. Ich kann mich nicht erinnern, dass ich bei kleinen Auseinandersetzungen, welche es im Zusammenleben in meinen Elternhaus auch gab, je grob zurückgeredet hätte.

Was den Haushaltungskurs betrifft, so wurde in weiterer Folge nimmer geschimpft, wenn ich in der Früh fort ging und weil es so eingeteilt war, dass die Hauptessen zu Mittag von uns Schülerinnen verspeist wurden und die Mehlspeisen, die gebacken wurden, beim Heimgehen aufgeteilt wurden zum Mitnehmen als Kostprobe für zuhause, schwand das Misstrauen bei meinem Vater allmählich. Das Erlernte kam nicht nur mir, sondern der ganzen Familie zugute. Fortan konnte und musste ich das Erlernte verwirklichen. Mutter war sehr froh, ja sie freute sich sogar sehr, endlich besonders im Backen feinerer Mehlspeisen etwas dazuzulernen. Diese Kursleiterin, Frau Olga, wie sie geheißen wurde, hatte vor ihrer Ausbildung zur Volksschullehrerin Zuckerbäcker gelernt.

Andenken an den Haushaltungskurs 1947/48

Dieser Kurs fand im Winter 1947/48 statt. Zu dieser Zeit bekam man bei weitem noch nicht alles zu kaufen, was man vor allem an Textilien gebraucht hätte. Es hat also doch lange gedauert nach dem Krieg, bis sich alles einigermaßen normalisiert hatte. Oder scheiterte es auch am Geld? Es gab jedenfalls kein einheitliches Nähen. Ich zum Beispiel nähte mir aus Leinenresten den ersten „BH“ und einen Strumpfgürtel. Soviel mir in Erinnerung ist, nähten sich mehrere BHs. Das war ein wenig kompliziert, doch mit öfterem Probieren gelangen diese Anfertigungen ganz gut. Es gab auch einmal ein gröberes Gelächter, als bei einer BH-Probe unbemerkt der Herr Bürgermeister dastand, welcher auf Besuch kam und Nachschau hielt.

Diese Handarbeitslehrerin hatte für sämtliche Kleidungsstücke Schnittunterlagen. So wurden Schürzen, Dirndlblusen, Unterhemden und andere einfache Sachen, was halt eine jede so zur Verfügung hatte, genäht, darunter auch schlichte Dirndlkleider. Ich suchte zwei Stoffreste zusammen für ein Dirndlkleid. Es passte zwar das Oberteil qualitäts- und farbmäßig mit dem Unterteil gar nicht so gut zusammen, doch damals war es nicht so genau, Hauptsache man hatte etwas zum Anziehen. Dieses Dirndlkleid habe ich so lange getragen, bis es kaputt war. Unter anderem strickten wir auch Pullover und Jackerl, es wurden aber ebenso viele Stickereien getätigt, vor allem Kreuzsticharbeiten auf hausgewebtem Leinen. Im Jahr darauf hielt Frau Olga noch einen Kurs ab, zog dann aber weg in ihre Heimat Bad Mittendorf. Gleich darauf wurde ein Webkurs organisiert, welcher nicht weit von daheim in einem Bauernhaus, wo eine große Bauernstube zur Verfügung stand, abgehalten wurde. Bei diesem Webkurs war ich nicht dabei.

Ende der Vierziger- oder Anfang der Fünfzigerjahre kaufte das Land Steiermark das Schloss Feistritz, welches dazumal noch im Besitz der Kaiserin Zita war und baute es zu einer Haushaltungsschule mit Internat aus. Diese Schule wird jetzt über St. Martin vorbildlich geführt. Meine um elf Jahre jüngere Schwester konnte dann diese zweijährige Schule besuchen und ein paar Jahre später als Absolventin von Schloss Feistritz an einem einmaligen Auffrischungsnähkurs in St. Martin bei Graz teilnehmen. Dies kam auch mir wieder zugute, weil wir beim gegenseitigen Probieren zusammenhalfen. So konnten wir fortan bis auf Kostüme und Mäntel sämtliche Kleidungsstücke selbst nähen. Sogar Herrenhemden, mit der Ausnahme von Festtagshemden, wurden zu dieser Zeit genäht, auch aus finanziellen Gründen. Es hat geheißen, „was man nicht ausgeben braucht, ist Einkommen“.

Sanierungsarbeiten am Geburtshaus

Mein Geburtshaus war ein sehr altes Haus, aber ans Nachschauhalten hatte niemand gedacht.

So geschah es im Spätherbst 1945, dass plötzlich ein Teil von der Holzpfostendecke in die Küche herunter brach. Gottlob und zum großen Glück befand sich in diesen Moment niemand in dieser Ecke. Das war auch einer meiner größten Schrecken in meinem Leben. Nun musste aber rasch gehandelt werden, stand ja der Winter vor der Tür.

Mutter kannte einen Maurer, den Schwager von ihrer Mutter, dem die Frau schon lange verstorben war. Dieser wohnte bei seinem Bruder und dessen Frau. Er war schon in Pension, aber noch sehr rüstig. So hatte er Zeit und kam gleich, um zu planen und zu beraten.

Das kleinste Problem war der Kalk. Eine Kalkgrube gab's bei jedem Betrieb, auch bei dem kleinsten war immer genug Kalk auf Vorrat. Kleine, gebrannte Ziegel waren im Herbst 1945 schon zu bekommen, doch an einen neuen Herd war nicht zu denken.

Dieser Maurer, Herr Jessner, sagte ganz ruhig: „Ich werde schon etwas z'sammfinden". Wo er alles gefunden hat, weiß ich nicht. Er brachte einen Herdrahmen, eine Herdplatte, ein Backrohr und ein kupfernes Wasserschiff. Es waren alles gebrauchte Bestandteile, aber man hat ja nichts Neues bekommen. Es brauchte lange, bis sich vom Krieg alles erholte.

Nun musste zunächst alles ausgeräumt und entfernt werden. Das Mauerwerk vom offenen Herd, die morsche Decke und der Ruß mussten mit spitzen und schneidigen Hämmern und Hacken von der Mauer heruntergehauen werden. Sogar ein Teil der Außenmauer musste neu errichtet werden. Wir hatten plötzlich eine gewaltige, unvorhergesehene Baustelle. Wir mussten alle fest Hand anlegen. Ich war achtzehn Jahre, meine Schwester siebzehn und mein Bruder sechzehn. Meine zwei jüngeren Geschwister waren noch kleine Kinder.

Dieser Maurer hat von Grund auf angefangen. Die Ziegel führten wir schnell heim und so fing er gleich mit dem Kaminmauern an.

Auch der große Ofen in der Wohnstube wurde bei dieser Gelegenheit erneuert, der unbrauchbare Ofen in der Kachelstube weggeräumt und durch einen neuen ersetzt. Für die Rauchleitungen zu den Kaminen musste ausgeschrämt werden. Eine neue, gut schließende Doppeltür ins Freie und zwei größere Fenster wurden eingemauert.

Wo Mutter während dieser Bauzeit gekocht hat, ist mir gar nimmer so gut in Erinnerung. Wahrscheinlich wurde das Eisenöferl vom Mühlstüberl irgendwo notdürftig aufgestellt. Zum Wasserhitzen war im Vorhaus ein eingemauerter Kessel, wo auch die Erdäpfel für die Schweine gekocht wurden. Nach jedem Erdäpfelkochen wurde der Kessel, der sehr groß war, gründlich gereinigt.

Froh waren wir, als Ende November 1945 mein Onkel Franzl von der Kriegsgefangenschaft heimkam. Er blieb noch eine Zeit lang bei uns und half fest bei der Arbeit. Wegen seiner handwerklichen Geschicklichkeit wurde er auch von anderen Besitzern zu verschiedenen Arbeiten geholt. Er lernte bald eine Damenschneiderin kennen, welche er dann heiratete. Wann er genau von uns weg in seinen kleineren Betrieb übersiedelte, ist mir nimmer im Kopf. Oder hatte er doch schon beim Betriebstausch die Absicht, die Schneiderin zu heiraten? Ich weiß es nicht. Jedenfalls war sie eine tüchtige Schneiderin und hatte sehr viele Aufträge. Sie übte ihren Beruf bis zu ihrem Tod aus, oder besser ausgedrückt bis zu ihrer schweren Krankheit.

Mit Onkel Franz kam auch ein Kriegskamerad, welcher wegen der russischen Besatzung nicht heim nach Niederösterreich konnte. Dieser blieb ein paar Wochen bei uns und half bei den Bauarbeiten mit. Auch der Maurer wohnte in dieser Zeit bei uns. Beim Schlafen rückten wir halt einfach zusammen. Das war zu dieser Zeit nicht tragisch, es hatte ja ohnehin nicht jeder sein eigenes Zimmer.

Bei soviel Personal gingen die Bauarbeiten zügig voran. Als die Mauerarbeiten bis aufs Feinputzen getätigt waren, wurde es zum Herdaufmauern. Herr Jessner war ein erfahrener Maurer bei Herden und Öfen. Mit Ziegeln mauerte er die mitgebrachten Teile sehr geschickt ein, es entstand ein gut funktionierender Herd. Es war zwar kein Prachtstück, aber der Zug war sehr gut und es rauchte nie zurück. So konnten wir wieder kochen und besonders freuten wir uns, dass wir endlich ein Bachrohr zum Backen und Braten hatten.

Bis dahin war die einzige Möglichkeit zum Backen der holzgeheizte Kachelofen. Brotbacken und Weißbrotbacken, Woaza, wie es hieß, ging ganz gut, nur das Fleischbraten im Ofen war sehr schwierig. Schweinsbraten gab's nur einige Male im Jahr. Nur dann, wenn ein Schwein geschlachtet wurde. Weil's keinen Strom gab, gab's keine Gefriertruhe und so konnte frisches Fleisch höchstens ein paar Wochen erhalten bleiben. Im Sommer wurde nicht geschlachtet. Die Schlachtzeiten waren zu Allerheiligen, vor Weihnachten, im Fasching, wo eine große Specksau vorwiegend zum Selchen geschlachtet wurde, und vor Ostern, wo ein kleineres Schwein fürs Osterfleisch gebraucht wurde. Gelegentlich wurde auch ein Schaf geschlachtet. Es wurde viel Fleisch gebraucht, es waren ja überall viele Leute!

Das Fleischbraten im Ofen hat mein Großvater sehr gut beherrscht. Wenn das Holz verbrannt war, schob er die Glut auseinander und mit der so genannten „Ofenschaufel" schob er die Rein mit dem Fleisch zwischen die Glutberge. Die Glut rückte er ganz nahe zur Rein. Diese musste aber öfters zum Aufgießen herausgezogen werden. Wenn das Fleisch halb gebraten war, gab er auch gleich die Erdäpfel dazu. Mir ist noch gut in Erinnerung, wie wir Kinder links und rechts neben Großvater hockten und gespannt zuschauten. Natürlich freuten wir uns aufs Essen, dieser Braten schmeckte herrlich. Dass Großvater kochte, war sonntags der Fall, wenn die anderen zu Kirche gingen. Suppe und Salat richteten entweder Mutter oder Großmutter. Torten, Kuchen oder sonstige feinere Mehlspeisen haben wir zu jener Zeit noch nicht gekannt.

Endlich hatten wir ein Backrohr! Bisher gab es an Mehlspeisen die schon erwähnten Woaza, Krapfen, Hasenöhrl und Braunnudeln zu Fronleichnam und Pfarrfest, welche besonders gut schmeckten. Strudel, Apfelkrapferl und in der Hollerblütenzeit Hollerstrauben. Das waren alles zuckerarme Speisen, diese schmeckten deswegen auch sehr gut.

Inzwischen konnte der Kriegskamerad von Onkel Franz auch wieder heim. Weihnachten rückte immer näher. Mit dem Feinputz in der Küche musste noch gewartet werden. Es wurde auch ein neuer Fußboden gelegt. Jedenfalls konnten wir zu Weihnachten auf dem neuen Herd kochen, braten und backen und der Herd gab eine wohlige Wärme. Wir waren überglücklich.

Auch die Wasserleitung wurde neu installiert. Wie bereits beschrieben, kamen wir auf Umwegen zu einem Waschbecken, so gab's dann auch eine ordentliche Waschgelegenheit in der Küche. Vorher war wohl auch schon Wasser in der Küche, doch nur auf einfache Art. An der Außenseite nahe an der Mauer war ein ganz dickes Holzrohr aufgestellt. Dieses Rohr war in der Tiefe mit dem Wasserleitungsrohr, welches auch aus Holz war, versetzt. Von dieser Holzsäule wiederum verlief ein durchbohrter Holzstumpen quer durch die Mauer in die Küche. An diesem Holzstumpen war in der Küche ein einfacher Messingwasserhahn angebracht, den man auf- und zudrehen konnte.

Der Wasserabfluss, „Ausguss" wurde er genannt, bestand aus einem ausgehackten, dicken Holzbloch, welcher auch wieder ein bisschen niederer und schräg durch die Mauer verlief. Beim Ausgussloch sah man ins Freie. Doch waren Mutter und Großeltern glücklich über das fließende Wasser in der Küche. Es gab nämlich zu dieser Zeit noch viele Häuser, wo das Wasser für das Haus von einem Brunnen im Freien ins Haus getragen wurde.

Ein gut befreundeter Bauer aus unserer Nachbarschaft, mit dem wir viele Arbeiten zusammen verrichteten, er gehörte auch zu unserer Kartenrunde, hatte einige Male davon erzählt, wie es ihm bei einem größeren Besitzer ergangen war. Dieser Bauer beherrschte nicht nur das Wasserleitungslegen mit den Holzrohren, sondern auch das Durchbohren der Holzrohre, was eine ganz heikle Arbeit war. Damals gab's keinen Kunststoff, deshalb kamen nur Holzwasserleitungen in Frage. So erzählte dieser Bauer, Herr Martin Leitner, dass ihn die Bäuerin von diesem größeren Betrieb ersucht hatte, ihnen das Wasser in die Küche einzuleiten. Er sagte zu, die Söhne und die Mutter halfen mit. Wahrscheinlich wurde alles ohne Zustimmung des Bauern organisiert. Als er hinkam und sie mit der Arbeit begannen, war der Besitzer sehr erbost. Er ging hin und her und rief ihm öfters zu „Weiberbscheaner, Weiberbscheaner“, was so viel wie Frauen-Einschmeichler bedeutet. Diesen Schimpfnamen musste er sich gefallen lassen. Sie ließen sich von der Arbeit nicht abhalten, halfen ja die Söhne und die Mutter mit. So war der Bauer der Unterlegene. Ja, so Sachen gab's. Obwohl er keinen Handgriff helfen brauchte, gönnte er es seinen eigenen Leuten nicht, dass sie es leichter hatten und nicht mehr Wassertragen brauchten.

Wirtschaftliche Absicherung und Versorgung im Alter

Außer einer Feuer- und Hagelversicherung existierten vor dem Zweiten Weltkrieg noch keine Versicherungen. Es gab auch nirgends einen Blitzableiter. Mein Großvater sagte immer zu uns Kindern, die Feuer- und Hagelversicherung müssten wir zahlen, denn wenn die Gebäude abbrennen würden, wären wir alle Bettler. „Wenn es alles zusammenhagelt, sind wir froh, wenn wir von der Versicherung etwas bekommen und wenn es nicht hagelt, ist es denen vom Herzen vergönnt, die der Hagel derwischt.“

Mit dem Einkommen mussten alle genau kalkulieren, denn es gab, bis auf die Schule, wo auch die zwei Lehrkräfte wohnten, und eine kleine Greislerei, ausschließlich Bauern. Dem Bauern seine Einnahmen waren die Ochsen, überschüssige Kalbinnen oder eine alte Kuh. Schafe wurden für den Eigenbedarf geschlachtet. Wenn also ein Tier auf der Alm abstürzte oder sonst irgendwie verendete, schmälerte das die Einnahmen.

Jeder Bauer besaß mehr oder weniger Wald. Da hat es immer geheißen, der Wald sei eine lebendige Sparkasse, sodass Holzschlägerungen meistens nur in Notfällen getätigt wurden, zum Beispiel, wenn an den Gebäuden etwas erneuert werden musste oder dann, wenn ein Familienmitglied ins Krankenhaus musste, weil es ja keine Krankenversicherung gab.

Schließlich kam dann noch die Übergabe an die nächste Generation und damit verbunden das Auszahlen des Erbteils an die weichenden Erben. Weil es dazumal noch keine Pension für die alten Leute gab, musste sich der Übernehmer verpflichten, den übergebenden Eltern,

Adoptiveltern, Zieheltern oder wem immer, einen monatlichen Geldbetrag, „Auszug“ genannt, zu entrichten. Das wurde, wie auch die freie Station, im Übergabsvertrag festgehalten.

Gab es ein gutes Einverständnis zwischen Jung und Alt, was mit wenigen Ausnahmen eine Selbstverständlichkeit darstellte, herrschte große gegenseitige Einsicht. Die alten Bauersleute halfen bei der Arbeit mit, so gut es ging und solange es die Gesundheit ermöglichte. Die Jungen dankten den Alten dafür wiederum, dass sie schön schauten und ihnen das Essen der Verträglichkeit gemäß zubereiteten. Im Gegenzug verzichteten wieder viele Alte aus Mitgefühl größtenteils auf die monatliche Auszugszahlung. Es wurde früher viel, viel mehr miteinander geredet, auch über wirtschaftliche Probleme und Erfolge.

Wie ich schon erwähnt habe, gab's schon einzelne Ausnahmen, wo sich die Generationen nicht verstanden. Leider werden die alten Leute zur jetzigen Zeit immer mehr als Last empfunden, was sehr traurig ist. Die jungen Leute von heute sind ja die Alten von morgen! Dies wäre zu bedenken!

LANDWIRTSCHAFT UND VIEHZUCHT

Versorgung der Tiere

Weil mein Vater noch zeitweise sein Schuhmacherhandwerk, hauptsächlich Reparaturarbeiten, wohl aber auch das Anfertigen neuer Schuhe, ausübte, behielt die Aufgabe des Tierfütterns vorläufig noch mein Großvater. Mein Bruder Michael musste ihm helfen, was er aber sehr gern tat. Michael hatte eine ausgesprochene Freude an den Tieren. Das Füttern der Tiere war dazumal viel komplizierter und genauer. Die Laufställe der Jungrinder waren für je zwei Stück unterteilt. In diesen Ställen stand in jedem in der Mitte die Futterkrippe. Die Kühe waren beim sogenannten „Graundner“ angehängt. Der Graundner war ein am Boden befestigter, langer, tiefer und für jede Kuh separat unterteilter Futtertrog. Am vorderen Ende vom Stall befanden sich der sogenannte „Futterbarrn“, die Vorratskammer fürs Futter, Heu und „Gmischat“, welches tagsüber für die

Abend- und Morgenfütterung hergerichtet wurde und die Kraftfuttertruhe, die sogenannten „Glecktruhe“, welche wiederum in mehrere Fächern unterteilt war, für den Vorrat an bescheidenem Kraftfutter.

Weil die Tiere peinlichst genau nach Leistung gefüttert wurden, richtete Großvater im Futterbarrn die Rationen, die sogenannten „Büschla“, für jedes Tier in den Laufställen zusammen. Michael fiel dann die Arbeit des „Büschlatragen“ zu. So musste er jedem Tier die entsprechenden Büschla bringen. Damit die Tiere nicht allzu viel vom Futter aus der Krippe und aus dem Trog auf den Boden herausrissen, wurden diese Büschla nicht allzu groß geformt. Es wurde daran geachtet, dass ja nichts „verwiastet“ (verschwendet, vergeudet) wurde, so hatte man gesagt. Die Tiere bekamen drei Runden von diesen Rationen, zwei Runden vor dem Tränken und eine Ration nachher. Zum Tränken stand mitten im Stadl ein Wassertrog, in dem das Wasser jeden Tag frisch eingelassen wurde. Die Jungtiere wurden von den Laufställen, die Kühe zweimal und neumelkende Kühe auch dreimal von der Kette zum Trinken an den Trog gelassen. Dieses „Wassern“, wie man das Tränken der Tiere nannte, war eine lange Arbeit. Dabei wurde darauf geachtet, dass jedes Tier ordentlich und ausreichend trank. Selbsttränken gab's nach dem Krieg noch lange keine. Vor jeder Futterzeit wurden die Fresströge und Krippen gesäubert und es galt, sich zu vergewissern, ob genug, zu viel oder zu wenig gefüttert worden war. Hatten sie alles sauber weggefressen, war zu wenig Futter ausgeteilt worden. Blieb zu viel Heu zurück, wurde bei der drauffolgenden Fütterung weniger gegeben. Es durfte grobes Stroh und Spreu zurückbleiben zum „Ausstreuen“. Ein „Fuattara“, wie er hieß, musste zu dieser Zeit ein ganz gutes Gespür zum Füttern haben, da alles viel genauer eingeteilt werden musste als zur jetzigen Zeit. Bei den größeren Betrieben konnte der Fuattara sämtliche Zeit zum Betreuen der Tiere und zum „Futterrichten“ verbringen. Bei den mittleren und kleineren Betrieben erledigte diese Arbeit meist der Besitzer unter Mithilfe der eigenen Kinder. Je nach Genauigkeit nahm das „Fuattarichtn“ entsprechend viel Zeit in Anspruch. Das feinere Stroh, welches bei der Drescharbeit durch das „Ausschabn“ ebenso wie das Haferstroh zum Verfüttern bestimmt wurde, musste mit dem „Strohstock“ kurz geschnitten werden, damit es mit dem Heu vermischt werden konnte. Auch langes Heu wurde kurz geschnitten. Was schneller ging, war beim Heu das „Antreten“ mit dem „Heutreter“. Der Heutreter war ein schneidiges Gerät mit Fußbedienung. Mit dem wurde der sehr festgetretene Heustock reihenweise angetreten und die Reihen lösten sich vom Heustock ab und waren nun kurz geschnitten. Das „Heuantreten“ war Männerarbeit, dazu war eine tüchtige Fußkraft nötig.

Zwischen „Strohstock“ und „Heustock“ bestand trotz des ähnlichen Namens ein gewaltiger Unterschied. Der „Strohstock“ war ein Gerät zum Kurzschneiden von Stroh und Heu, ähnlich einem Häcksler, aber mit reiner Handbedienung. Der „Heustock“ oder „Heustoß“ hingegen war der in der Tenne gelagerte, zusammengetretene große Heuhaufen.

War alles kurz geschnitten, ging es ans „Heuboasn“, wie das Durcheinanderschütteln oder Ausschütteln von Heu und Stroh genannt wurde. Es wurde so lange „geboast“, bis ein gleichmäßiges „Gmischat“ entstand, welches dem Galtvieh und auch den trockenstehenden Kühen gefüttert wurde. Letztere bekamen ungefähr vierzehn Tage vor dem Kalben ein zusätzliches Anlassfutter, welches meistens aus viel Hafer und Roggen bestand.

Die Kühe wurden damals nicht auf so hohe Milchleistung gefüttert wie zur jetzigen Zeit, es bestand ja kein Absatz für Milch. Der Absatz für Butter fing erst im Krieg so richtig an, deshalb wurden die Kühe zuvor eher auf Kraft gefüttert, da auch zeitweise ihre Arbeitsleistung gebraucht wurde. Hafer, der mengenmäßig von allen Getreidearten am häufigsten angebaut wurde, war hierzu das ideale Kraftfutter.

Milchfieber bei Kühen, das kannten wir damals nicht. Die Melkkühe wurden nur in ganz kleinen Mengen mit „Gmischat“, sonst ausschließlich mit Heu und Grummet gefüttert. Auch das Heu und die Grummet wurden sorgfältig geboast, damit das feine „Gsod“ gründlich wegfiel. Dieses feine Gsod wurde dann wiederum mit einem Reiter durchgesiebt. Das gröbere, welches im Reiter blieb, kam wieder zum Kühefutter dazu und das ganz feine „Gsod“ wurde zum Schweinefüttern verwendet. Es hieß immer, „den Schweinen kann man nichts Grobes füttern, Schweine sind keine Wiederkäuer."

Durch das viele Mithelfen beim Versorgen der Tiere hat Bruder Michael, obwohl noch sehr jung, das Füttern der Tiere vom Großvater, der hierbei sehr genau und auch entsprechend stolz war, wenn die Tiere gut gediehen, vorzüglich erlernt. Michael war bei der Stallarbeit bald selbstständig, ich half ihm dabei. Mein Vater verrichtete neben dem Schuhmachen lieber die Außenarbeiten. Ja, wir halfen alle so gut es ging zusammen, denn Großvater war nicht mehr am gesündesten.

Zur vielen Herbstarbeit kam ab Mitte September noch zwei- bis dreimal am Tag das Kühe hüten auf den Feldern. Wenn die Kühe Arbeit leisten mussten, war ein zweimaliges Weiden zu wenig. Sie mussten zusätzlich zu Mittag ein drittes Mal geweidet werden. Das Kühe hüten war eine mehr oder weniger angenehme Arbeit. Man musste aufpassen, dass die Kühe nicht in den Rüben- und Krautacker kamen oder in den frisch umgeackerten, gesäten Brotgetreideacker. Da hätten die Tiere durch das Zertreten und im Krautacker auch durch das Abfressen Schaden angerichtet. Gefährlich war das Kühe hüten auf einer Kleeweide. Das junge Kleegras fraßen die Kühe so gerne und gierig, dass es des hohen Eiweißgehaltes wegen bei den Tieren oft zu Blähungen kam. Blähungen waren sehr gefürchtet, da musste alles liegen und stehen gelassen werden, um dem betreffenden Tier zu helfen. Alle möglichen blähungssenkenden Mittel wurden dem Tier eingegeben. Auf den Pansen außen wurde warmes Wasser aufgeschüttet. Dann gab es im Handel schonende Bläheisen, welche dem Tier ins Maul gesteckt wurden, damit es zum Aufstoßen gebracht wurde. Haben alle diese Mittel nicht mehr geholfen und das Tier drohte zusammenzubrechen, konnte es nur mehr durch den Pansenstich gerettet werden. Dies war aber nicht so einfach. Nicht jedermann beherrschte es. Die Stelle, wo der Stich gemacht werden konnte, hatte die Größe einer Menschenfaust. Diese Stelle musste erraten werden oder besser gesagt erkannt werden. Ein paar Mal habe ich diese Prozedur miterlebt. Die Luft durch den Pansen konnte entweichen und dieses Tier blieb den ganzen Herbst von Blähungen verschont, da Luft durch den Stich immer wieder aufs Neue ausströmen konnte. Es dauerte ein paar Monate in den Winter hinein, bis der Stich wieder vollständig verheilt war.

Je nachdem, wo die Tiere weideten und ob sie friedlich oder lästig waren, man durfte sie nicht aus den Augen lassen. Das wurde doch manchmal langweilig, besonders den Buben. Sie machten dann oft ein Feuerchen zum Erdäpfelbraten, denn Erdäpfel lagen nach der Ernte am Acker immer noch welche herum. Was in meiner Kindheit auch ein häufiger Brauch war, das war das „Kiaholterliada schrein“. Die „Kiaholter“ schrien sich untereinander gewisse Sprüche zu und neckten sich gegenseitig. Wahrscheinlich halt aus Langeweile. Manche davon klangen ziemlich ordinär. Dies pflegten hauptsächlich nur die Buben. Schrie ein „Kiaholter“ zum „Kiaholter“ eines Nachbarn so ein Gstanzl hinüber, bekam er meisten ein noch ärgeres zurück. Solche Sprüchlein lauteten zum Beispiel:

weiß auf weiß auf, der ....bauer-Kiaholter steaht mit die Leis auf

grea auf grea auf, der ....bauer-Kiaholter steaht mit die Hea auf

Solche und noch viele andere Sprüchlein wurden hin und hergeschickt, bis ihnen die Lust ausging.

Wir Mädchen taten bei solchen Sprüchen nie mit, wir hätten uns geschämt. Uns Mädchen wurde auch beim Kühe hüten nie langweilig, wir hatten immer eine Tasche mit einer Strickerei mit. Schlimmer war es, wenn es regnete oder kalt war, da mussten wir uns schon ganz gut anziehen. Der zweiten Oktoberhälfte zu, wenn keine Getreidetocken und keine Kleehiefel mehr am Feld waren und auch keine gefährlichen Kleeweiden da waren, brauchten die Tiere nicht mehr so eine intensive Aufsicht, sie konnten überall grasen, wo es ihnen gerade passte und wo sie was fanden. Wenn Kühe in der Nähe von Getreide- oder Kleehiefel-Äckern gehalten werden mussten, ist es gar nicht so selten passiert, dass ein paar Tiere einen Ausreißer machten und sie es sich in den Getreidetocken oder Hiefeln lustig machten. Das war eine Katastrophe für den Halter. Meistens kamen dann alle Tiere nach, wenn sie sahen, wie die Fetzen von den Getreidetocken und den Hiefeln flogen. Auch Tiere suchten sich so manche Unterhaltungsmöglichkeiten.

Auch das Schnalzen wurde vielfach getätigt beim Kühe hüten. Mancher Almhalter hatte seine Herde so erzogen, dass er mit einem Peitschenknall die Tiere zur Umkehr brachte, wenn sie sich zu weit an eine gefährliche Stelle wagten. Schnalzen war auch beim Almabtrieb üblich, da hörte man schon von Weitem, dass der Halter mit den Tieren heim kommt.

Eine große Wohltat war nach dem Krieg, so Ende der Vierzigerjahre, die Einführung des elektrischen Weidezauns mit einem Batteriegerät. Eines Tages bemerkten wir, dass die Kühe eines Nachbarn, dessen Felder wir von unserem Daheim fast zur Gänze überblicken konnten, schön ruhig auf einem Schock grasten und kein Halter dabeistand. Wir beobachteten es, konnten es uns aber nicht erklären. Mein Bruder Michael hielt bald Nachfrage. Das war das erste Gerät. Es hatte sich schnell herumgesprochen und bald hatten sich die meisten Besitzer ebenfalls ein solches angeschafft. Das war herrlich. Ab da brauchte niemand mehr so lange bei den Tieren stehen und die Tiere weideten viel ruhiger. Ein einmaliger Stromstoß genügte meist und bis auf wenige Ausnahmen wurde dieser einfache Draht von den Tieren respektiert. An eine einzige Jungkuh kann ich mich erinnern, welche das Zurückweichen, wenn sie mit dem Draht in Berührung kam, nicht checkte. Sie hielt nur die Augen zu und drang einfach vorwärts durch. Diese Kuh wurde deswegen verkauft.

Tierkrankheiten

Wenn ich zurückdenke, keine einzige Kuh ist wegen einer Euterentzündung drei- oder gar zweistrichig geworden. Von all den alten Hausmitteln ist man heute abgekommen, jetzt hat man Antibiotika, welche es damals nicht gab.

Eines dieser Hausmittel war „Schmer". Hergestellt wurde es aus weniger gutem Schweinefett, aus dem Fett, welches zwischen den Innereien haftete. Dieses wurde klein geschnitten oder durch den Fleischwolf gedreht und roh mit viel Salz verknetet. Die Masse wurde in das Schweinsnetz gewickelt, zu einem schönen Laib geformt und mit dem Fleisch in der Selchkammer mitgeselcht oder auch nur an der Luft gelagert. So ein Schmerlaib hielt sich jahrelang. Schmer wurde sehr vielfältig gebraucht und durfte daher in meinem Daheim nie fehlen. Außer zum Einfetten auf verschiedenste Art wurde dieses Produkt auch innerlich und äußerlich in der Tiermedizin eingesetzt. Meldete sich ein Tier krank, wurde ihm ein Stück von so einem Laib, auf den mehrere Tropfen medizinisches Terpentinöl geträufelt wurden, ein paar Mal am Tag angeboten. Wenn nicht eine schwere Krankheit dahinter stand, legte sich die Verstimmung bald wieder. Ein Tierarzt wurde, ganz im Gegensatz zu heute, wo er wegen jeder Kleinigkeit gerufen wird, nur bei ganz schweren Krankheiten und Unfällen geholt.

Das Verabreichen dieses Mittels war äußerst einfach. Ob Kälber oder Großvieh, ich kann mich an kein einziges Tier erinnern, welches dieses Schmer abgelehnt hätte, man brauchte es nur hinhalten, sie langten nur so danach. Auch äußerlich wurde dieses Mittel eingesetzt. Wurde bei einem Tier eine Verrenkung, eine Entzündung oder eine Geschwulst durch einen Stoß vermutet oder festgestellt, wurde die Stelle mit „Schmer“ in Verbindung mit Terpentinöl oder selbst gebranntem, starkem Alkohol eingeschmiert. Nicht angewendet wurde es bei offenen Wunden, Schürfen oder Rissen. Da wurde reines, ausgelassenes Hühnerfett, welches auch immer auf Vorrat war, von Zeit zu Zeit darüber gestrichen und die Wunde so zum Heilen gebracht. Wenn man welche hatte, wurde in solchen Fällen manchmal auch Boasalbe verwendet.

Arg war es, wenn ein Tier auf der Alm abgestürzt war und sich schwer verletzt hatte. Wenn festgestellt wurde, dass Aussicht auf Heilung bestand, wurde es heimgetrieben. War ein Fuß gebrochen oder die Wirbelsäule verletzt, musste es an Ort und Stelle geschlachtet werden. Das Fleisch wurde zur Verwendung heimtransportiert. Wenn sich ein Tier beim Raufen oder irgendwie sonst ein Horn abgestoßen hatte, blutete es oft arg, da wurde dann halt auch Hühnerfett darüber gestrichen. Hatte man zufällig kein Hühnerfett , was aber selten vorkam, denn die alten, gesunden Hühner wurden zur Gänze verwertet und nicht weggeworfen, dann machte man halt Schweinefett flüssig und dieses wurde darüber gestrichen.

Wirbelsäulenverletzungen wurden erkannt, wenn das Tier nimmer aufstehen konnte.

Hatte eine Kuh eine Euterentzündung, machten meine Vorfahren einen Brei aus Roggenmehl mit ein paar Löffeln Essig oder gutem Schnaps. Dieser Brei wurde auf das entzündete Euterviertel gestrichen. Mehrmals am Tag wurde das kranke Viertel ausgemolken. Wenn die Entzündung nicht ganz schwer war und diese Behandlung rasch begonnen wurde, ging sie meistens mit einem einmaligen Anstreichen zurück. Wenn nicht, musste die Behandlung wiederholt werden. Es wurde streng darauf geachtet, dass eine Kuh während dieser Zeit keinem Luftzug ausgesetzt war.

Eine schlimme Zeit, welche ich in Erinnerung habe, war nach dem Krieg so Anfang der Fünfzigerjahre. Da hatte ein schlimmer Virus, die „Kälberlähme" Fuß gefasst. Am meisten gefährdet waren die Kälber von der Geburt bis zum Alter von sechs Wochen und in Einzelfällen auch drüber hinaus. Der ansässige Tierarzt bemühte sich und unternahm alles. Obwohl die Kälber sofort nach der Geburt geimpft wurden, verendeten trotzdem noch einige Tiere. Dies ging ein paar Jahre so dahin. Das war eine Katastrophe, in einem Jahr blieben bei meinem Heimatbetrieb nur zwei Kälber und im drauffolgenden Jahr blieb überhaupt nur ein junges Kalb am Leben. Nachher hat sich diese Seuche wieder gelegt. Es wird wohl ein Mittel gegen diesen Virus gefunden worden sein. Jetzt hört man nie mehr etwas von dieser Krankheit.

Milchwirtschaft

Die Kühe wurden damals größtenteils in die Waldweiden getrieben, welche teils sehr weit von den Gehöfen entfernt lagen. Damit man die Kühe nicht jeden Tag so weit heimtreiben musste, stand auf einem Wiesenstück, das so ungefähr zwei Kilometer vom Heimbetrieb entfernt war, am oberen Ende ein einfacher Melkstall. Dort wurden die Kühe über den Sommer gemolken. Über Nacht blieben sie im Stall und in der Früh nach dem Melken wurden sie wieder auf die Waldweide getrieben, welche vom Stall so ungefähr zweieinhalb Kilometer entfernt war. So war es bei meinem Heimatbetrieb.

Eines Tages waren mein Bruder und ich mit Großvater wieder im eigenen Wald unterwegs. Wir gingen schon am Vormittag weg, nahmen eine Jause mit und Großvater versprach, dass wir die Kühe von der Waldweide heim zum Melken mitnehmen würden. Großvater tätigte Holzarbeiten und wir verbrachten die Zeit mit Heidelbeeren essen und spielen. Im angrenzenden Nachbarwaldstück, gleich neben dem Weg, hat der Sohn vom Nachbar, der Offenbauer Franzl, „holzausgehakt", das heißt, das Holz kantig zugehakt. Mein Großvater plauderte mit ihm ein wenig, auch über das Kühe treiben. Offenbauer Franzl sagte, er hat auch versprochen, dass er die Kühe mit nach Hause treibt. An dem Tag zogen am späteren Nachmittag schwere Gewitterwolken auf. Als wir es von der Ferne schon donnern hörten, packte Großvater Werkzeug und Rucksack und sagte: „Jetzt müssen wir schnell tun, es kommt ein schlimmes Gewitter und die Kühe müssen wir auch noch mittreiben." Die Waldweide war ziemlich groß, die Grasflächen waren zwischen den Bäumen verteilt und so wussten wir nicht, wo sich die Kühe aufhielten. Wir sahen sie nicht und hörten auch die Glocke nicht. Großvater meinte, die Kühe würden sicher schon beim Tor aufs Heimtreiben warten, was eigentlich üblich war. Die Kühe bekamen ja jeden Tag etwas Gutes eingefüttert und darauf reagieren die Tiere sehr. Das Tor zum Aufmachen und Wegtreiben befand sich fast immer am unteren Ende jeder Weide. Wir kamen von der noch weiter entfernteren Waldweide, dazwischen lag die Offenbauer-Weide, und befanden uns am hinteren Ende unserer Weide. Während Großvater, wie schon erwähnt, meinte, die Kühe würden schon warten, hab ich gesagt: „Nein Vater", – zu den Großeltern haben wir Vater und Mutter gesagt – „die Kühe sind ganz oben". Ich hatte aber nichts gesehen und nichts gehört, das kam mir nur so einfach in den Sinn. Wie ich da als Kind so fest auf meiner Meinung bestand, das ist mir noch so klar im Kopf, als wenn es gestern gewesen wäre. Ich war erst acht Jahre alt und überhaupt waren wir so erzogen, dass wir den Anordnungen und Befehlen der älteren Menschen zu folgen hatten. Großvater war darüber auch ein wenig verärgert, war ja das Gewitter schon im Anrollen. Er meinte sehr barsch zu mir: „ Ja wenn du meinst, dass sie oben sind, dann geh halt hinauf, ich warte mit Michael herunten." Mein Bruder Michael war damals sechs Jahre alt. Obwohl ich mich vor Donner und Blitz immer sehr fürchtete, raste ich schnell bergauf, so schnell, wie ich nur konnte, und hatte das Glück, direkt auf die Kühe zu stoßen.

Sie waren wirklich oben. Ich atmete erleichtert auf und trieb die Kühe talwärts. Da war auch Großvater wieder zufrieden, „Hast halt doch recht gehabt“, hat er gesagt. Als wir uns schon bald dem Melkstall näherten, kamen schon große Regentropfen. Blitz und Donner wurden immer heftiger. Großvater fing an, die Kühe schneller zu treiben, wir hatten keinen Regenschutz mit. Als wir so dahineilten, begegnete uns der Ofenbauer-Vater. Mein Großvater sagte zu ihm: „Was tust du da, geh nicht in den Wald! Dein Sohn Franzl bringt eh die Kühe, er hat ja zu mir gesagt, dass er sie auch heimtreibt. Er wird halt das Gewitter abwarten. Siehst eh, was für ein grobes Gewitter schon da ist.“ Obwohl der Ofenbauer-Vater ein sehr liebenswürdiger, gesprächiger Mann war, den wir Kinder beim Kühe treiben gern trafen und mit ihm gern die Wegstrecke gingen, weil er mit uns so ehrlich plauderte, reagierte er nicht auf meines Großvaters Mahnung und gab ihm nur kurz die Antwort: „Und ich hab gar einen Regenschirm mit, werde ihn aber nicht brauchen“ und ging eiligen Schrittes weiter. Beim Melkstall erwartete uns schon unsere Mutter, die Türe geöffnet, damit wir mitsamt den Kühen schnell unters Dach kamen. Es goss bereits in Strömen. Großvater erzählte gleich meiner Mutter vom Offenbauer-Vater seinem eigenartigen Verhalten und schüttelte dabei den Kopf. Er sagte zu meiner Mutter: „Ich weiß nicht, was dieser Mensch heute hatte. Er hat gesagt, „ich hab gar einen Regenschirm mit, werde ihn aber nicht brauchen, wo es doch schon angefangen hat zu regnen und jetzt gießt es so arg.“ Mutter hat nun die Kühe gemolken und wie es so ist bei den Gewittern, hörte es auch bald wieder zu regnen auf. Wir gingen alle miteinander heim, Mutter trug die Milch auf dem Rücken. Gar nicht so lange waren wir daheim, inzwischen schien schon wieder die Sonne, rief der Nachbar herüber: „Den Ofenbauer hat der Blitz erschlagen, den Ofenbauer hat der Blitz erschlagen!“ Im ersten Moment weinten wir sehr, wir hatten diesen Mann sehr lieb, dann meinte mein Großvater tief betroffen: „Wären wir zuerst zum Tor schauen gegangen, ob die Kühe warten, hätten wir zurück müssen bergauf, dann wären wir zur gleichen Zeit zu dieser Fichte gekommen und hätten auch dort Unterstand gesucht.“ Beim Toreingang unserer Waldweide stand nämlich eine große, uralte Fichte. Dort werden Menschen, welche auf diesem Weg unterwegs waren und vom Regen überrascht wurden, Unterstand gefunden haben. Auch die Kühe haben sich bei heftigem Regen darunter gestellt. So lag nun der Ofenbauer-Vater tot auf dem Weg, vom Blitz getroffen, gefunden von seinem Sohn Franzl, als dieser die Kühe heimtrieb. Seine Frau, die Ofenbauer-Mutter, wollte ihn auch nicht fortgehen lassen, sie wusste ja, dass der Sohn die Kühe bringen wollte. Doch auch von ihr hatte er sich nicht abhalten lassen. War es Gottes Fügung oder mein Schutzengel, dass ich mich als Kind gegen den Großvater gestellt hatte? Ich weiß es nicht. Jedenfalls glaube ich fest, dass das Ende eines Menschenlebens, wenn nicht selbst verursacht, von einer höheren Gewalt Bestimmung ist. Dieses Erlebnis blieb mir in meinen ganzen Leben so klar und deutlich in Erinnerung, als wenn es erst gewesen wäre.

Als wir eines Tages beim Weizenschnitt waren, braute sich ein ähnliches Gewitter zusammen. Wir Kinder mussten ein wenig mithelfen, „Bandl machen“ und auch ein bissl Garben zusammentragen, soweit die Kräfte reichten. Großvater mähte mit der Sense das Getreide, meine Mutter und Onkel Franz banden das abgemähte Getreide mithilfe von Strohbändern zu Garben, welche wir Kinder drehten. Während der Arbeit schauten sie immer öfter himmelwärts und meinten: „Heute dürfen wir nicht zu lange warten mit dem „Schibern“, dem Tocken aufstellen“, wie die Getreidemandl genannt wurden. „Heute kriegen wir noch was.“ Gemeint war, es kommt noch ein Gewitter mit oder ohne zusätzlichen Regen. Ein bissl früher als sonst hieß es dann: „Dirndl, ihr geht’s jetzt Kühe treiben! Mutter kommt nach zum Melken.“ Weil wir das Gespräch über das Gewitter mitgehört haben, wollten wir auf keinen Fall gehen, doch so wie immer hieß es auch diesmal gehorchen. Wir gingen schweren Herzens den dreiviertelstündigen Weg, vorm Gewitter hatten wir immer große Angst. Wie vorauszusehen gewesen war, fing es schon, bevor wir zur Kuhweide kamen, an zu blitzen und donnern. Auch diesmal warteten die Kühe nicht beim Tor. Meine jüngere Schwester fing an zu weinen, wahrscheinlich war ich auch nicht weit vom Weinen weg. Meine Schwester wollte umkehren und heimspringen, doch ich, anderthalb Jahre älter, redete ihr zu und sage: „Die Kühe müssen wir mitbringen, sonst müssen wir noch einmal herauf, sobald das Gewitter vorüber ist.“ Die Angst vom Gewitter war umso größer, als wir die Stelle überqueren mussten, wo der Ofenbauer-Vater vom Blitz getroffen quer über den Weg gelegen hatte. Zum Glück waren die Kühe nicht so weit im Wald drinnen, sie hörten unsere Rufe und sprangen uns entgegen. Beim Eingangstor von der Weide eilte uns schon Onkel Franzl mit ein paar Regenschirmen entgegen. Er war ja immer besorgt um uns Kinder und hatte Mitleid, wenn wir uns fürchteten. Wir atmeten erleichtert auf, dankten unserem Onkel und trieben gemeinsam die Kühe talwärts zum Melkstall, wo Mutter aufs Melken wartete.

Damals haben die Kühe nicht so viel Milch gegeben, sie wurden auch nicht danach gefüttert, zumal für Milch auch kein Absatz vorhanden war. Erst Ende der Zwanziger-, Anfang der Dreißigerjahre kamen nach und nach die Milchzentrifugen in unser Gebiet. Bis dahin wurde der Rahm für die Buttererzeugung von der Milch nur abgeschöpft. Natürlich gab es damals nur handbetriebene Zentrifugen, die damals Milchmaschinen geheißen haben. Ich war noch ein kleines Kind, gerade dass ich mich noch erinnern kann, welche Freude beim ersten Mal Milchentrahmen mit der Milchmaschine herrschte. Die Milch konnte frisch entrahmt werden, brauchte nicht so lange herumstehen und dadurch konnte eine viel bessere Butter erzeugt werden. Auch fiel ab dann mehr Butter an. Die Magermilch war von da an intensiver entrahmt, was von Vorteil war, da ich jetzt der Meinung bin, dass für die Schweinefütterung ohnehin die pure Magermilch besser ist, als wenn zu viel Fett im Futter ist. Ich kann mich noch sehr gut an diesen Maschinenhändler, Rudolf Verwagner, wie er hieß, erinnern, bei dem konnte die Milchzentrifuge mit Butter ratenweise abbezahlt werden. Die Butter holte er ab, trug sie zwei Stunden zu Fuß nach Oberwölz, fuhr mit dem Bus bis Scheifling und von dort mit dem Zug bis Judenburg. Jener Mann, der auch Sauborsten und andere Tierhaare abholte, war ein gern gesehener Mann. Genächtigt hatte er entweder im nahe gelegenen Gasthaus oder bei irgendeinem Bauern. Natürlich hatte er auch andere Maschinen gehandelt. Bis zum Anfang des Krieges war er unterwegs, ist dann nie mehr gekommen und man hat auch nie mehr was gehört von ihm. Er wird halt auch zum Kriegsdienst einrücken haben müssen. Geschätzt haben wir diesen Herrn Verwagner deshalb, weil er auch andere Kleinigkeiten aus der Stadt Judenburg mitgebracht hat, welche es bei uns am Berg heroben noch gar nicht gab. Meiner Schwester und mir hat er zum Beispiel einmal ein Mehlspeisenkochbücherl geschenkt. Nur anfangen konnten wir nicht viel damit, da wir keine Ahnung vom Schneeschlagen und von einem Abtrieb hatten.

Nach Beenden meiner Schulzeit, mit vierzehneinhalb Jahren, wurde mir auf Dauer die Melkarbeit zugeteilt. Von da an hat meine Mutter nie mehr gemolken. Sie litt schon länger mit den Händen. Damals wurde alles noch von Hand gemolken. Das Melken mehrerer Kühe brauchte viel Kraft, Energie und Übung. Wohl aber kam Mutter ab und zu, um Nachschau zu halten, ob ich die Kühe wohl ordentlich ausmolk. Das hat mich manchmal ein wenig geärgert. Ich habe mich ja eh so sehr zusammengenommen und bemüht bei der Melkarbeit, ebenso wie auch bei jeder anderen Arbeit. Schlampig zu sein, hätten wir uns nie leisten können.

Das Melken im Sommer-Melkstall war sehr angenehm. Der Stall war sehr einfach und luftig, da gab's nie eine Fliegenplage. Melkgeschirr, Eimer und Sieb wurden am rinnenden Brunnen gewaschen und blieben gestürzt auf einer Stellage im Stall. Die Milch trug meine Mutter heim. Auch wenn nur die Milch von vier oder fünf Kühen zusammenkam, so war es trotzdem eine schwere Arbeit, da ja ein Teil des Weges sehr steinig war. Was noch ärger war, daran kann ich mich als kleines Kind ganz gut erinnern, wie meine Mutter die Milch noch auf dem Kopf heimgetragen hatte. Dazu gab es einen eigenen, runden Holzbottich, die „Logl" genannt wurde und obenauf geschlossen war. Die Öffnung, durch die die Milch ein- und ausgeleert wurde, war ein viereckiges Loch in der Größe von zwanzig mal zwanzig Zentimeter. Diese Öffnung war wiederum mit einem viereckigen Holzkeil, „Beil" genannt, verschlossen.

Zum Tragen auf dem Kopf wurde ein „Tragriegel" benötigt. Dies war ein kunstvoll angefertigtes Polsterl, welches genau auf den Kopf passte und bewirkte, dass das harte Traggut nicht auf den Kopf drückte. Auch kann ich mich erinnern, wie meine Mutter einmal bei Regenwetter ausgerutscht war und die Balance verloren hatte. Da war ihr die „Logl" vom Kopf gerutscht, auf den Boden gekollert und die ganze Milch war heraußen. Da hätte meine Mutter fast geweint. Milch war ja immer etwas Kostbares. Das Milchtragen erfolgte zweimal am Tag, in der Früh und am Abend. Auch das Reinigen der „Logl“ war nicht so einfach, weil sie aus Holz war und sich keine Säurebakterien bilden durften.

Tragriegel

Als meine Mutter zunehmend mit Kopfschmerzen zu kämpfen bekam, wurde die Ursache dem vielen, schweren Kopftragen zugeschrieben. Meine Mutter, die Großeltern und mein Onkel zogen nun wieder den erwähnten Maschinenhändler, Herrn Verwagner aus Judenburg, zu Rate. Dieser wusste gleich zu helfen. Er riet zu einer auf dem Rücken tragbaren Milchkanne aus rostfreiem Weißblech mit gut verschließbarem Deckel, die zwanzig Liter fasste. Bei dieser Kanne ließen sich zwei Tragriemen und ein Polsterl für den Rücken montieren. Nun konnte das Kopftragen gänzlich ausgeschaltet werden und das Reinigen der Kanne war auch nimmer so mühsam wie bei der hölzernen „Logl“. Mit dieser Kanne habe auch ich vom vierzehneinhalbten Lebensjahr weg dreizehn Sommer lang die Milch vom Melkstall zum Heimbetrieb getragen. Das Tragen auf den Kopf habe ich nimmer gelernt. Ich weiß es nicht, hat es mich nicht interessiert oder wollte ich es nicht. Ich weiß nur, dass damals die Frauen ganz stolz waren aufs Kopftragen. Manche, dazu gehörte auch meine Mutter, sind dahin geschritten, ohne bei der Last zu halten, zum Beispiel am Karsamstag beim Weihkorbtragen.

Weil in späterer Zeit die Milch dringend gebraucht wurde und nun ein Güterweg herein führte, wurde unser Gebiet für die Milchabholung erschlossen. So wie es bei jeder Umstellung üblich ist, waren manche Besitzer widerwillig, manche begeistert.

Im Jahre 1947 wurde mit dem großen Projekt Wegebau Knapp Säge – Pöllau begonnen. Das war eine sehr schwere Aufgabe für den Bürgermeister. Wegen des schmalen Karrenweges und der teilweise neuen Trassenführung mussten mehrere anrainende Besitzer ein wenig Grund abtreten oder diesen mit Nachbarn tauschen. Das war für ein paar Besitzer ein so schwerer Schlag, dass einer daraufhin sogar erkrankte. Mit Gefühl und Ausdauer wurden auch diese Probleme gelöst. Dieser erste Wegebau wurde ohne irgendeine Maschine, also rein händisch mit Schubkarren, Scheibtruhen, Pferde- und Ochsengespannen verrichtet. Als Handwerkzeug dienten Haue, Krampen und Schaufel. Zum Steine brechen für die Schotterung gab es weder einen Kompressor noch irgendein anderes Gerät. So wurde alles händisch mit Steinbohrer und Schlegel gebohrt. Bei dieser Zwei -Mann-Arbeit hielt einer mit den Händen den Bohrer, der zweite schlug mit dem Schlegel drauf. Dies war eine langwierige und dazu gefährliche Arbeit. Ich kann mich an diese Männer noch gut erinnern, wie geduldig und mit Freude haben sie diese Arbeit verrichtet. Die Bohrarbeiten gingen ja nur Zentimeter für Zentimeter voran. Diese Arbeiter waren die wenigen Heimkehrer unter den vielen jungen Männern, die in den Krieg mussten. Sie waren glücklich und zufrieden, endlich wieder zuhause arbeiten zu können. Wie hoch der Lohn damals war, das ist mir nicht bekannt.

Wie die gesamte Finanzierung der damaligen Wegebauten erfolgte, weiß ich ebenfalls nicht. Ich meine, es gab dafür Landesmittel. Natürlich haben alle Besitzer mitgeholfen. Auch ich habe einige Male mit dem Ochsengespann, einige Male mit dem Pferd Schotter geführt. Soweit mir bekannt ist, haben alle Besitzer je nach Besitzgröße zusätzliche Leistungen erbringen müssen. Davon, bei diesen Mithilfearbeiten etwas zu verdienen, war ja überhaupt keine Rede. Für uns Bauernkinder gab es damals keinen Lohn, noch viel weniger einen Stundenlohn. Zu Weihnachen bekamen wir dann ein Trinkgeld, das mussten wir uns genau einteilen.

Nach und nach stockten die Besitzer die Kuhzahl zur Milchgewinnung auf und reduzierten die Zahl der Ochsen. So war die Anzahl der gemeldeten Ochsen für die Sattelalm im Sommer 1959 so gering, dass sich es gar nicht mehr auszahlte aufzutreiben. Seither wird kein Vieh mehr auf diese Alm aufgetrieben. Weil diese Alm im Besitz der Gemeinde ist und die Bauern seither ihre Servitutsrechte nicht mehr nutzten, ließ der Bürgermeister die Hütte zur Jagdhütte ausbauen. Die Alm wird seitdem als Jagdgebiet genützt. Das Material zum Ausbau der Hütte wurde mit dem Hubschrauber in die Höhe transportiert.

Nutztierhaltung am Hof

Nicht immer gab's zur richtigen Zeit eine Muttersau. Hatte man eine Muttersau, wurden die überschüssigen wiederum verkauft. So gab's bei den Schweinen immer einen Verkauf oder Zukauf. Verkauft oder gekauft wurden die jungen Schweinchen in meiner Kinder- und Jugendzeit, soviel ich mich erinnern kann, mit einem Gewicht von zehn Kilo und auch darunter. Das erhöhte sich aber allmählich auf fünfzehn Kilo und darüber. So kleine „Putschala", wie sie hießen, hatten gerade noch in einem Buckelkorb Platz und konnten am Buckel getragen werden. Mancher Besitzer wog die Ferkel überhaupt nicht und verlangte einen Pauschalpreis. Ich erinnere mich, wie eine Bäuerin, welche bei uns ein Ferkel holte, auf das Kleinste bestand und sagte: „Füttern kann ich es eh selber", sie wollte, dass es nicht viel kostete. Dieses Hin- und Herhandeln der Ferkel hielt sich so bis in die Siebzigerjahre und wurde dann von den meisten Betrieben aufgegeben. Ein paar Besitzer haben sich auf die Ferkelproduktion spezialisiert und dafür investiert, dort werden jetzt die Ferkel gekauft, natürlich mit einem höheren Gewicht.

Die Schweine wurden damals gemästet, bis sie einen Rückenspeck in der Dicke von acht bis zehn Zentimeter und sogar noch drüber hatten. Mindestens eine Sau in dieser Größe wurde auf jedem Bauernhof im Winter geschlachtet und der Speck und das Fleisch davon fast zur Gänze geselcht. Weitere Schweine wurden kleiner geschlachtet, hie und da ein Schaf und manchmal ein Rind, je nach Personenanzahl. Weil damals die Bauern alle Selbstversorger waren, musste genau geplant werden. Brot, Speck, Fleisch, Butter und Milch waren die Hauptnahrungsmittel. Als Gemüse gab's Kartoffel, Kraut, Felderbsen und ein wenig Bohnen, im Sommer natürlich Salat, von dem immer viel vorhanden war.

Auch Felderbsen wurden damals angebaut, der Acker dafür war ungefähr so groß wie ein halbes Haus. Man brauchte sie dringend zum Essen und wir aßen sie auch gern. Was zum Essen nicht gebraucht wurde, gab ein spezielles Futter für die Schweine ab. Als Kind kann ich mich nicht erinnern, dass es außer Futterkalk irgendeine Mineralstoffmischung gegeben hätte. So nehme ich an, dass dies der Grund war, warum das Futter für die Schweine so artenreich zusammengestellt wurde.

Auch wurden die Schweine bei uns daheim jede Woche einmal ins Freie getrieben. Da wühlten sie nach Herzenslust in der Erde. Großmutter sagte, das sei gesund und das bräuchten die Schweine. Wenn diese eine Wasserlacke fanden, war es für sie das größte Vergnügen. Da legten sie sich hinein und suhlten sich so richtig. Ich habe das Gefühl, dass jetzt den Tieren von der Natürlichkeit viel abgeht. Wenn ich über mein langes Leben nachdenke, wurde so vieles, ja, ich kann sagen alles, verbessert. Dabei ist aber nicht alles gut!

Bis in die Fünfziger-, Anfang der Sechzigerjahre wurde bei jedem Betrieb ein Schöckerl Schafe gehalten, hauptsächlich der Wolle wegen. Bis dort hatte die Wolle großen Wert für Decken und auch für Loden zur Bekleidung und für Stricksachen. Durch Einfuhr australischer Feinwolle und allmählicher Verwendung synthetischer Materialien verlor die heimische Schafwolle an Bedeutung. Der Preis für Wolle fiel oder sie fand gar keinen Absatz mehr. So wurde die Schafhaltung von den meisten Besitzern aufgelassen. Einzelne Betriebe, welche jetzt Schafhaltung betreiben, halten größere Herden entweder zur Milchgewinnung oder zur Schlachtlämmerproduktion. So wie jede Massenproduktion Vorteile hat, gibt es auch Nachteile. Was bei einer Zahl von zehn, fünfzehn oder auch zwanzig Schafen leicht möglich war, da ist bei großen Herden gar nicht daran zu denken. Früher wurden die Schafe vor dem Scheren bei schönem Wetter gewaschen und im Freien in einem größeren Pferch zum Trocknen gehalten. Wie appetitlich die Schafe und wie locker die Wolle aussah, da war das Scheren ein Vergnügen. Ja, ich tat dies so gerne, dass mir diese Arbeit immer zu schnell vorbei ging. Dieses Waschen tat auch

Der Mann braucht nur das Geld hergeben,
macht
ihm die
Frau
ein
süsses
Leben.

Spinnen

den Schafen gut, dabei wurden sie von Zecken befreit, denn gerade Lämmer und jüngere Schafe waren oft arg von Zecken befallen. Mir ist nicht bekannt, dass einmal ein Lamm oder Schaf der Zecken wegen krank war.

Im Gegensatz dazu werden jetzt die Schafe ohne Waschen geschoren. Das wäre auch gar nicht anders möglich bei einer großen Schafzahl. Kein Wunder, dass die Wolle keinen Absatz findet, bei so einer Qualität. Ich habe mir zum Spinnen Schafwolle von einem Schafbesitzer erbeten und sie geschenkt bekommen. Es war eine schöne Anstrengung, bis ich den Mist und die Spreu von der Wolle herausgewaschen hatte. Sie war so verfilzt, dass ich die ganze Wolle aufzupfen musste, damit ich sie zum Kardatschen bringen konnte.

Was für Socken, Fäustlinge, Pullover und Jacken nicht gebraucht wurde, wurde in die Lodenfabrik nach Möbersdorf bei Zeltweg gebracht. Das verlief auch wieder so ähnlich. Dazu wurde fast immer ich eingeteilt. Mit einem Sack Wolle, ungefähr sieben bis zehn Kilogramm wog ein solcher in vollgestopftem Zustand, ging es mit dem Fahrrad oder zu Fuß zum Bus und mit dem Bus weiter bis zur Bahn, dann vom Bahnhof wieder zu Fuß ungefähr eine Dreiviertelstunde bis zur Fabrik. Weil diese Erledigung an einem Tag schwer zu bewältigen war, wurde vorgeplant. So fuhr ich heimzu über Fohnsdorf nach Gusterheim bei Pöls zu Onkels Betrieb und nächtigte dort. Ein anderes Mal bin ich mit dem gleichen Auftrag mit der Wolle überhaupt nur bis zu Onkels Betrieb gefahren. Von dort ist meine Firmpatin mitgefahren und wir nahmen das Fahrrad, wodurch uns die langen Fußmärsche erspart blieben. Wieder ein anderes Mal sind mein Bruder Michael und ich von zu Hause weg mit den Fahrrädern mit der Wolle gefahren. Die Säcke haben wir quer auf den Gepäcksträgern festgebunden. Gangräder kannten wir damals nicht, nur einfache Fahrräder mit Tretpedalen, mit Bremse und Rücktritt. Das war die gesamte Ausstattung. Dazu ging es von zuhause ungefähr vier Kilometer über Karrenweg, Wiesensteig und Gehsteig bis zur Schotterstraße. Doch mit dem Rad gefahren sind wir sehr viel, wenn wir auch zwischendurch die steileren Bergaufstücke schieben mussten.

An eine Krankheit bei Schafen außer gelegentlichen Euterentzündungen bei Mutterschafen kann ich mich nicht erinnern. Nur einmal kann ich mich erinnern, dass zwei Schafböcke im Frühjahr so wild gekämpft haben, dass einer davon den Folgen erlegen war. Im Frühjahr beim Austreiben deswegen, weil sie sich rückwärts weit voneinander entfernten und dann wild aufeinander lossprangen und mit den Köpfen so grob zusammenstießen, dass es nur so tuschte. Im Stall wäre dies nicht möglich gewesen, hätten sie sich dort doch nie so weit voneinander entfernen können.

Dem Schafmist wurde eine heilende Wirkung zugeschrieben. Auf diesen trockenen Mist mit viel Einstreu wurden manchmal kranke Kälber gebettet, worauf sich diese schnell wieder erholt hatten.

Bis auf die kleinsten Betriebe, welche nur ein paar Kühe und Schweine, eventuell ein paar Schafe halten konnten, hatten alle Betriebe ein Hauspferd, größere Betriebe zwei oder auch drei. Unser Hauspferd, welches wir damals, als ich noch ein Kind war, hatten, war ein Rotfuchs, ein sehr empfindsames Wesen. Ich habe ihn mir noch sehr gut in Erinnerung. In der Nachbarschaft waren ein paar junge Männer, welche unser Pferd immer ein wenig neckten, wenn sie bei ihm vorbeikamen. Das merkte sich das Pferd so gut, dass es, wenn es die Stimmen von diesen Männern hörte, schon anfing, mit den Füßen auszuschlagen. Ich aber war noch ein Kind, gerade dass ich auf den Pferdekopf hinauflangte, schon bin ich beim Mistanführen und beim Eggen damit gefahren. Das Pferd ging mit mir so willig, dass alle das Gefühl hatten, dass es auf mich Rücksicht nahm. Dieses Pferd wurde sehr alt.

Es war an einem Ostersamstag, die Jahreszahl weiß ich nimmer. Ich war noch ziemlich jung, mein jüngerer Bruder noch ein Schulkind. An jenem Karsamstag blieb ich mit ihm von der Kirche daheim, um dann die Stallarbeit zu machen. Als alle gut fort waren, schauten wir im Stall nach und mussten feststellen, dass das Pferd plötzlich von Geburtswehen geplagt wurde. Zuerst waren wir fast ein wenig aufgeregt, doch das half nichts, es gab ja kein Telefon zum Nachrufen. So hieß es einfach handeln, so gut es ging. Es ging sehr rasch und gut vorbei. Ein ganz liebes, weibliches Fohlen kam zur Welt, welches nicht so, wie alle Jahre üblich, beim Pferdemarkt verkauft, sondern zur Nachzucht aufgezogen wurde. Mein Bruder und ich waren sichtlich stolz darüber, dass wir Geburtshelfer beim Pferd waren und freuten uns sehr, dass alles gut vorüber ging.

Mit Ausnahme der Kutschenfahrten war das eines der schönsten Erlebnisse mit den Pferden. Bis zum Güterwegebau waren wir ja im Sommer wie im Winter auf das Pferdekutschefahren angewiesen. Hauptsächlich, wenn man in der Stadt (Oberwölz) zu tun hatte, wollte man nicht alles zu Fuß gehen. Für den Winter gab es einfache Pferde- Schlittenkutschen und für den Sommer Kutschen mit Rädern.

Eier hatten wir auch immer genug. Die Hennen konnten herumlaufen, wie sie wollten. So kamen sie halt oft ziemlich weit von den Gebäuden weg, vor lauter Eifer beim Scharren. Schnecken- und Engerlingsplagen hat es keine so großen gegeben wie heute, da haben sich die Hühner zum Teil von diesen ernährt. Freilich, ab und zu hat sich der „Geier“ (eigentlich ein Sperber, ein Habicht oder ein Mäusebussard) eine Henne geholt. Im Allgemeinen hatten Hühner damals aber eine viel längere Lebensdauer, vier bis fünf Jahre waren keine Seltenheit. Wenn sie in diesem Alter auch nicht mehr so viele Eier legten, so gab eine alte, gesunde Henne ein sehr gutes Suppenfleisch. Auf so eine „Hennsuppe“, gewürzt mit frischen, grünen Kräutern aus dem Garten, freuten wir uns immer. Suppenwürfel gab's in unserer Kindheit keine.

Wenn man wollte, konnte man alte Hühner auch verkaufen. Ich kannte eine Arztfamilie, die gerne alte Hühner kaufte. Man musste sie lebend hinbringen. Die Henne gab man in einen Korb, band ein Tuch darüber und so trug man sie die fünf oder mehr Kilometer bis zum Abnehmer. Brutbatterie gab's damals auch noch keine. Fing eine Henne, und das waren hauptsächlich die älteren, an zu „klunsen“, das heißt Glucktöne von sich zu geben, und blieb dabei auf dem Legenest länger als normal sitzen, musste man sie gut beobachten, ob die Ausdauer des Brütens für einundzwanzig Tage reichen könnte. Erkennen konnte man es am Erbleichen des Kammes und daran, wie oft eine Bruthenne vom Nest aufstand. Normalerweise erhob sich eine solche nur alle zwei bis drei Tage zur Futteraufnahme und Kotabgabe vom Brutnest, das Nest selbst hielt die Henne peinlichst rein. Ein weiteres, sicheres Zeichen zur Brutbereitschaft war, wenn am Bauch der Henne die Federn ausfielen. Der Bauch war dann nackt. Wenn alle diese Voraussetzungen gegeben waren, wurde der Natur ein bisschen nachgeholfen. Die Gelegenheit, wenn die Henne vom Nest zum Fressen aufstand, – man konnte sie auch kurz wegheben – nutze man, um aus sauberem Stroh oder Heu ein frisches Nest zu machen. Dann legte man elf bis fünfzehn Eier, die ganz frisch sein sollten und möglichst nur zwei Tage Legeunterschied aufweisen, ins Nest. Die Eier, auf denen eine Henne anfing zu brüten, gab man weg. Hätte man sie dabei gelassen, hätte das ein ungleichmäßiges Ausschlüpfen bewirkt. Um einer Inzucht entgegenzuwirken, wurden bei irgendeinem Nachbarbetrieb Eier zum Brüten getauscht. Natürlich musste ein Hahn bei der Herde sein, ansonsten wären die Eier unbefruchtet gewesen. Hatte man einen Hahn aus einer anderen Herde bei der eigenen, konnte das Eieraustauschen unterbleiben. Achten musste man auch darauf, dass die anderen Hennen vom Brutnest fern gehalten wurden. Es bestand die Gefahr, dass andere Hennen dazulegten. Kamen zu viele Eier zusammen, konnte die Henne nicht mehr brüten und der erwünschte Erfolg blieb aus. Nach neunzehn bis zwanzig Tagen durften wir Kinder leise horchen gehen, ob wir schon ein Zwitschern hörten. Groß war dann die Freude, wenn unter der Henne schon ein paar gelbe Köpfchen herausguckten. Die Henne stand erst auf, wenn alle befruchteten Eier ausgeschlüpft waren. Ein paar blieben fast immer „lauter", das heißt, dass sich kein Kücken im Ei gebildet hatte. Das wurde aber nicht so tragisch genommen. Man freute sich über jede Zahl an ausgeschlüpften Kücken. Wenn dann die Kücken ein paar Tage alt waren und es sonniges, trockenes Wetter gab, wurde die Henne mit ihnen schon ins Freie gelassen. Gegen Regen und Nässe waren die Kleinen sehr empfindlich. Erst mit ein paar Wochen wurden sie robuster. Gefüttert wurde eine Henne mit Jungen ganz natürlich. Gelegentlich wurde ein Kilo Hirse gekauft. Ansonsten bestand das Futter aus Grieß, Sterz, gebrochenem Weizen sowie aus Brotbröseln, Haferflocken und dergleichen. Frisches Wasser war ganz wichtig. Auch rescher Topfen aus eigener Milchhergestellt war ideal. Grünes Gras fanden sie auf der Weide. Man konnte zuschauen, wie eine

Henne ihre Jungen fürsorglich behütete und nach Futter in der freien Natur scharrte, was natürlich auch alle Legehennen taten, die in der Weite herumlaufen konnten. Die eine Henne lief dabei etwa der anderen vor, um schneller zu sein. Entsprechend tun mir die X-Millionen Hühner leid, welche heutzutage eingepfercht leben müssen. Abgesehen von den Legebatterien ist auch ein Auslauf, wenn er zu klein ist, nicht viel besser. Über längere Zeit scharren sie nur mehr in ihrem eigenen Mist.

Besonders in den Jahreszeiten, wo die Hühner ins Freie konnten und viel Grünzeug, Würmer, Käfer und dergleichen fanden, gab's einen Überschuss an Eiern. Diese wurden dann verkauft. Wenn auf gute Qualität geschaut wurde, konnte ein Eierkunde auf lange Zeit erhalten bleiben. Weil Eier zu den wenigen Einnahmen der Bäuerin gehörten, möchte ich kurz von einer meiner Großtanten berichten. Diese Großtante, ich habe sie noch gut gekannt, ist öfters mit einer Tasche voll Eiern zu Fuß den fünf Stunden langen Weg, besser gesagt den Steig über den Berg in die Bezirksstadt Murau gegangen, weil sie dort für ein Ei um ein paar Groschen mehr bekommen hatte. Zeit spielte damals keine Rolle. Es wurden nicht Stunden gezählt. Es hieß auch nie, da liegt nichts drin oder da geht nichts heraus. Es gab über jeden Erfolg, auch den kleinsten, Freude.

Einnahmen der Bäuerinnen

Nun möchte ich noch auf die kargen Einnahmen der Bäuerinnen von damals zu sprechen kommen. Neben den Eiern konnten noch Sauborsten zur Herstellung von Bürsten und Tierhaare für Polsterungen verkauft werden. Weil es damals vor dem Krieg noch kein Plastik gab, wurden die Sauborsten zum Bürstenbinden sehr dringend gebraucht. Brauchbar waren nur die steifen Borsten, so circa zwanzig Zentimeter breit über dem Rücken der älteren Schweine. Diese wurden oder mussten ausgerupft werden, dabei war es wichtig, dass die Verdickung, die so genannte Wurzel, in der Haut dabei war. Abgeschorene Borsten kamen nicht in Betracht. Man vergewisserte sich natürlich, dass die Sau beim Schlachten auch wirklich tot war, dann wurde, während die Sau noch warm war, gleich mit dem Ausrupfen begonnen.

Zu dieser Zeit hat es nicht für jede Arbeit ein eigenes Gerät gegeben, was wohl wieder den Vorteil mit sich brachte, dass nicht soviel, ja fast gar kein unnötiger Müll anfiel. So haben sich die Menschen durch gute Ideen mit primitiven Mittel zurechtgefunden. Also nahmen sie einen großen Eisennagel und wanden die Borsten um den Nagelkopf oder einen passenden Schlüssel und wickelten ein Büschel um die Schlüsselborte und rupften es ruckartig aus. Sauborsten erzielten gar keinen so schlechten Preis. Ich kann mich noch erinnern, dass ein Kilo hundert Schilling kostete. Allerdings musste für ein Kilo schon ein ziemliches Quantum vorhanden sein.

Auch die Schwanzhaare der Pferde mussten von Zeit zu Zeit ein bisschen zurückgestutzt werden, vor allem im Frühjahr vorm Austreiben. Dasselbe galt auch für die größeren Rinder. Man wollte verhindern, dass die Tiere, die auf der Weide, im Gebüsch oder unter den Bäumen vor schwerem Regen, heißer Sonne oder auch vor den Fliegen Schutz suchten, nicht mit den Schwänzen hängen blieben. Bei langen, buschigen Schwänzen war die Gefahr größer als bei zurückgestutzten Schwanzhaaren. Schöner waren allerdings die langen, buschigen.

Die Haare wurden eine Zeit lang eingeweicht, dann sauber gewaschen und getrocknet. Die für Rosshaarmatratzen gebrauchten Haare erzielten aber einen geringeren Preis als die Sauhaare. Rosshaarmatratzen konnten sich wiederum nur begütertere Personen leisten. Afrikmatratzen waren billiger. Im bäuerlichen Bereich gab's nur Strohbetten. Wo sie besser bestellt waren, gab's aufs Stroh drauf große, mit Haferfleign, den Spelzen vom Hafer, gefüllte Leinensäcke. Auch die Kopfpolster waren damit gefüllt.

Das Reinigen der sogenannten „Haferfleign" war eine sehr aufwendige Arbeit. Man gab ein kleines Quantum in einen „Reiter", ein großes feinmaschiges Sieb mit einem ungefähren Durchmesser von sechzig Zentimetern, und durch oftmaliges Hin- und Herschütteln fiel der feine Staub durch. Mit dem, was im Reiter blieb, wurden dann die Säcke gefüllt. Meine Mutter war bei dieser, wie auch bei jeder anderen Arbeit sehr genau. Zu viel durften wir nicht in den Reiter füllen, denn obwohl es so schneller gegangen wäre, hätte sich der Staub nicht so gut absondern können.

Zu dieser, in der Tenne durchgeführten Arbeit wurden wir Kinder schon ziemlich früh herangezogen. Sie war zwar nicht schwer, aber halt ein bisschen langweilig für Kinder und junge Leute. Mutter war von Anfang bis Ende mit dabei und so dauerte diese Prozedur manchmal bis lang in die Nacht hinein. Licht spendete dabei eine Petroleumlampe, bis wir den Strom bekamen. Dafür bekamen wir auf unsere Betten solche Säcke. Darauf war ein herrliches Schlafen. Ich glaube, es gibt keine Matratze, auf der es sich besser liegen lässt als in so einem Naturbett. Der ganz große Nachteil war aber, dass Stroh und Fleign oft gewechselt werden mussten. Das erforderte enorm viel Zeit und Arbeitsaufwand. Dienstboten hingegen hatten nur reine Strohbetten.

Federpolster gab's nur ganz wenige, hauptsächlich nur für die Bauersleute. Die Federn von den hofeigenen geschlachteten Hühnern reichten nicht weit und zugekauft wurde so wenig wie möglich. Das Federnschleißen war Aufgabe älterer Frauen, welche nicht mehr bei jeder Arbeit mithalten konnten. Es gab keine Pension und keine Rente und so waren solche Frauen überglücklich, wenn sie in irgendeiner Weise noch etwas leisten konnten.

Wiesenmähen

Eine Arbeit, auf die wir uns immer freuten, war das sogenannte „Wiesenmähen". Bei den meisten Betrieben waren größere oder kleinere Flächen vorhanden, welche nur einmal jeden Sommer gemäht wurden, als letzte vor der Getreideernte, um Mitte bis Ende Juli herum. Was dann noch nachwuchs, wurde als Weide für die Tiere genutzt. Von diesen sogenannten Wiesen waren die meisten sehr karg, zum Teil moosig, steinig, hügelig und es standen auch Bäume verschiedenster Art darauf. Die Zwischenstellen wurden gemäht. Auf den meisten dieser Wiesen war es nicht möglich, einen Dünger hinzubringen. Auf der Wiese bei meinem Heimatbetrieb bestand die Möglichkeit, den besten Teil zu düngen, da ja am Rande dieser Wiese der Sommermelkstall stand und dort dadurch ein wenig Mist anfiel. Die halbe Wiese war auch voller großer Steine und Bäume, jedoch waren das alles Laubbäume. Diese Bäume warfen im Herbst Unmengen von Laub ab. Wenn wir auch jeden Herbst das Laub zusammenrechten und in den Melkstall trugen zur Einstreu für den nächsten Sommer, so blieb trotzdem immer welches liegen, was ein Dünger war für die dazwischen liegenden Grasflächen. Die schönste freie Fläche wurde mit dem Mist gedüngt.

Obwohl diese Wiesen spät gemäht wurden, wurde dieses Heu, sofern nicht gar zu viel Moosfutter dabei war, von den Tieren gern gefressen. Normalerweise wurde das „Moosheu“, wie das Futter von einer Sauerwiese hieß, separat gesammelt als Pferdefutter. Pferde sind genügsam und brauchen, wenn sie nicht zur Arbeit eingesetzt werden, nicht so ausgiebiges Futter wie Milchkühe und Jungrinder in der Wachstumsphase.

Der zweite Vorteil des späten Mähens dieser Wiesen war, es brauchte nie frisch eingesät werden, es war eine derartige Vielfalt an Gräsern und Blumen, welche sich selber aussäten. Durch diese Vielfalt an Gräsern, Blattgräsern und Blumen war die Gefahr des Überstandigwerdens gar nicht so groß. Dieses Heu hatte einen ganz anderen, angenehmen würzigen Geruch, im Gegensatz zum gesäten Futter.

Almanger-Heuernte, Hatzlalm, Fünfzigerjahre,
meine Eltern ganz rechts, beim Abdienen des Weidezinses

Das Mähen der Wiesen geschah in der Weise, dass sich die Besitzer gegenseitig mit den Arbeitskräften aushalfen. Es wurde darauf geachtet, dass eine Wiese in einem Tag niedergemäht wurde. Bei meinem Daheim hatten sechs Männer den Tag über mit der Mäharbeit zu tun. Drei weibliche Kräfte mussten die „Riggla“, die beim Mähen mit der Sense entstandenen Rillen, auseinanderstreuen, das abgemähte Gras zwischen den Bäumen zusammenrechen und an den sonnigsten Stellen streifenweise aufbreiten. Das hieß „Scheibenheign“ und war eine ziemlich genaue Arbeit. Beherrschte dies eine Anstreuerin oder „Zsammheigerin“, wie in diesem Fall die Frauen oder Mädchen genannt wurden, nicht gut, wurden sie von den „Mohdern“, den Sensenmähern, ausgelacht.

Damit das „Heign“, wenn das Heu dürr war, fließend dahin ging, mussten diese Futterstreifen, die „Scheibm“ zusammenhängend angestreut werden. Zum Heign, wenn's dürr war, kamen wiederum Nachbarn helfen, dazu auch größere Kinder. Für die Kinder war das Heutreten in der „Schupfn“, im Heustadl, eine Gaudi. Eine Schupfn stand in jeder Wiese, in größeren Wiesen auch zwei oder mehrere. Auch Erwachsene fanden Spaß beim Heutreten. Ich hab's nie gern mögen!

Weil so ein Wiesenmähtag ziemlich anstrengend war, wurde der Tag so ähnlich wie beim Brecheln mit Spaßmachen und gegenseitigen kleinen Neckereien aufgelockert. Sozusagen dass es recht lustig zuging, wurde auch manchmal gejauchzt und ein bissel gesungen. So ein Brauch war das so genannte „Rigglafahln“. Das war ein mit dem Wetzstein am Sensenrücken erzeugter, eigener schriller, durch Mark und Bein gehender Ton. Dazu einige kurze Jauchzer, dies gilt den Anstreuerinnen, wenn sie mit dem Auseinanderstreuen hinten geblieben waren, damit sie besser antauchen sollten.

Mit dem Mähen wurde im Morgengrauen angefangen. Derweil das Gras taunass war, hat's besser geschnitten, sagte man. Außerdem war das Mähen vergnüglicher, als wenn die Sonne herbrannte. So ungefähr zwischen sieben und halb acht wurde das Frühstück nachgebracht von einer Person, welche vorher die Stallarbeit verrichtet hatte. Das Frühstück bestand aus Kaffee und Brot oder auch aus Kaffee und „Nudl“, das war Kaiserschmarrn oder Brennsterz. Nach dem Frühstück ging es ans „Sensendengeln“. Ich muss sagen, das war so angenehm zuzuhören, wenn mehrere „Mohder“ ihre Sensen dengelten und dieses rhythmische Klopfen von allen Seiten widerhallte. Das Dengeln war eine sitzende Arbeit, dabei konnten sich die „Mohder“ ausrasten und erholen für den nächsten Ansatz bis Mittag. In den Abständen zwischen dem Dengeln war ein öfteres Wetzen notwendig. Eine gute Schneid war die Voraussetzung für eine saubere Mäharbeit, auf die großer Wert gelegt wurde.

Weil die Anstreuerinnen meistens etwas später nachkamen, hatte sich eine Menge „Riggla“ angehäuft. Dieses „Rigglaanstreun“ wurde während des Dengelns nachgeholt. Für zwei Mohder wurde normalerweise eine Anstreuerin berechnet. Waren in einer Wiese, wie schon erwähnt, viele Bäume, Steine oder Geröll , wo viel zum Ausheign und auch vom Zaun ungefähr einen Meter zum „wegheign“ war, wurden mehrere Zsammenheigerinnen eingesetzt.

Weil diese Mähweidewiesen mehr oder weniger weit von den Gehöften entfernt waren, musste sich jeder seine Arbeitsausrüstung selbst mitnehmen. Ein Mohder brauchte außer der Sense einen „Kumpf“ mit Wetzstein und das Dengelzeug, das waren Hammer und Dengelstöckl. Dieses eiserne oder stählerne Dengelstöckl wurde in einen Baumstock einer herausragenden Baumwurzel oder was halt gerade zu finden war hineingeschlagen. Auf diesem Stöckl klopfte der Mohder die abgebrauchte Schneid seiner Sense wieder flach und dünn. Die Arbeitsausrüstung der Zsammenheigerinnen bestand aus einer kleinen Gabel und einem Rechen.

Waren alle mit dem Dengeln fertig, begann der Vormohder mit dem zweiten Anlauf. Der Vormohder fing immer als erster an, die anderen folgten ihm der Reihe nach, wie es in der Früh eingeteilt wurde, die Schwächsten als letzte. So ging es dann weiter bis Mittag. Ungefähr eine Stunde vor Mittag musste eine Anstreuerin heimgehen, der Mutter helfen Essen tragen. Das Essen war in diesem Fall äußerst einfach aber nahrhaft. In der Schupfn, die zu meinem Heimatbetrieb gehörte, war innen an der Wand ein Klapptisch montiert. Dieser einfache Tisch wurde heruntergelassen, es wurden ein paar Holzstöcke aufgestellt, ein paar Bretter draufgelegt und alle konnten sich zum Tisch zum Essen setzen. Dies war nur möglich, derweil kein Heu in der Schupfn war. Später beim Heign, wenn die Schupfn mit Heu gefüllt wurde, wurde einfach das Tischtuch, mit dem der Essenkorb eingebunden war, auf der freien Wiese am Boden aufgebreitet und alle setzten sich rundherum und aßen.

Der Einfachheit halber wurde keine Suppe nachgetragen. Als Vorspeise wurde eine große Schüssel Salat gewählt. Da war Mutter sehr besorgt, dass zum Wiesenmähen genügend Salat zur Verfügung stand. Ein ordentliches Stück Speck wurde kleinwürfelig geschnitten in eine Pfanne gegeben, Essig in einem Fläschchen und ein wenig Salz. Als Hauptspeise Krapfen oder wenn's in der Früh Brot zum Kaffee gab, gab es zu Mittag einen guten Kaiserschmarren.

Dies alles wurde in einen Korb verstaut, der Kaffee in einer Kanne. Frauen, welche geübt waren fürs auf dem Kopf tragen, trugen den Essenkorb auf dem Kopf. Ich hingegen nahm einen Handkorb. Der Korb wurde mit dem Tischtuch eingebunden, welches zum Essen aufgebreitet wurde. Das Essbesteck durfte auch nicht fehlen. Damit der Salat zum Essen frisch zubereitet war, haben wir, kurz bevor sich die Leute zum Essen setzten, ein Feuerchen gemacht aus herumliegendem Reisig, Späne wurden von daheim mitgenommen. Darüber hielten wir die Pfanne mit den Speckwürfeln, bis sie schön glasig angelaufen waren. Dann wurde mit Essig abgelöscht und mit dieser Marinade der Salat abgemacht. Diesen Specksalat aßen alle so gern, dass nie einer übrig blieb, auch wenn das Quantum groß war. Alle aßen aus der großen Schüssel.

Weil das Nachtragen auf die Wiese mit Krapfen oder Schmarren einfacher war als eine Fleischspeise, auch des Warmhaltens wegen, war der Specksalat ein guter Ausgleich.

Gelegentlich musste der eine oder andere Mohder seine Sense zu Mittag nochmals dengeln. Am Nachmittag ging das Mähen zögernder vor sich, da wurden alle schon müde.

Dies wurde vorher vom Besitzer eingerechnet, es wurde aber so eingeteilt, dass bis zum frühen Abend alles fertig war. Am Schluss wurde Rast gehalten bei einer Butterbrotjause und reichlich selbsterzeugtem, gutem Röstkäse.

So ging das Wiesenmähen von mittelgroßen Wiesen, wie der von meinem Heimatbetrieb vonstatten. Darüber hinaus waren in der Umgebung mehrere viel größere Wiesen, wo mehrere Mohder und dazu sechs bis sieben Anstreuerinnen benötigt wurden, um diese

Arbeit des Mähens in einem Tag zu bewältigen. Da ging's dann manchmal sehr turbulent zu. Es waren manchmal sehr sittenlose Burschen dabei, welche so manche Unart ausübten.

Ein unartiger Brauch bei so einem gemeinsamen Wiesenmähen war das „Ausschoppen", so hat es geheißen. Zwei oder drei Männer hatten eine Anstreuerin eingefangen, zu Boden gezehrt und den Kittel von unten mit Futter voll gestopft bis zu einem dicken Wams. Auch umgekehrt haben sich Frauen zusammengesprochen und haben aus Revanche meistens den Anführer überwältigt und haben ihm dafür die Hose voll gestopft. Dies war halb so schlimm. Schlimmer war, wie es auch manchmal beim Wiesenmähen vorkam, dass eine Anstreuerin von ein paar Mohdern eingefangen und nackt ausgezogen wurde. Ihre Kleider wurden auf einen Baum gehängt, so dass sich jene nicht wehren konnte, bis ihr die anderen zu Hilfe kamen. Ich selbst habe das nicht miterlebt und weiß es nur vom Erzählen. Von solchen und ähnlichen Untaten hatte ich immer große Angst. Ich achtete immer, dass ich nicht in der Nähe derer zum Arbeiten kam, von denen man vermutete, dass sie zu solchen Taten imstande waren.

Das Allerschrecklichste, was ich bei so einem Wiesenmähen miterlebte und mit ansehen musste, war auf einer Wiese eines Nachbarn, wo ich als Anstreuerin arbeitete. Das war noch im Krieg. Bei diesem Betrieb war eine achtzehnjährige Ukrainerin als Arbeitskraft eingesetzt. Mit ihr wohnte auch ihr siebenjährige Bruder in diesem Betrieb. Die Mutter der beiden war bei einem anderen Betrieb in unmittelbarer Nähe als Arbeitskraft tätig. Sie waren Heimatvertriebene. Unter den Mohdern, ich weiß nimmer so genau, es waren um die zwölf ältere Männer und junge Burschen, welche zum Kriegsdienst noch zu jung waren, doch das Mähen schon gut beherrschten, waren auch zwei Männer. Einer, der mittleren Alters und nie eingerückt, also untauglich war, der andere war vom Kriegsdienst enthoben, da vier seiner Brüder eingerückt waren. Auf dieser Wiese standen viele Bäume, Sträucher und Gebüsch, es war extrem viel zum Ausheign. Diese zwei Männer mähten knapp hintereinander. Ich war mit der Arbeit in der Nähe der Ukrainerin, Anuschka hieß sie. Bei ihr hielt sich auch ihr Brüderchen, Wascho, auf. Plötzlich, wie verabredet, ließen diese zwei Männer die Sensen fallen und fingen den Buben ein. Der eine hielt ihn fest und der andere brunzte ihm in den Mund. Seine Schwester musste es mit ansehen und weinte laut. Sie war aber hilflos den zwei Männern gegenüber. Ich getraute mich auch nicht zu mucksen, war ich doch auch erst ein Mädchen mit sechzehn Jahren. Hätte ich mich eingesetzt, hätte mir das Gleiche passieren können. Allerdings hab ich von diesen zwei Rohlingen nie mehr eine Achtung gehabt, so sehr hat mir dieser Bub derbarmt. Eine Schreckenstat, die ich in meinen langen Leben nicht vergessen hab. Wie schrecklich, wenn Menschen, die sich nicht wehren können, solch Schreckenstaten erleiden müssen.

Ende der Vierziger-, Anfang der Fünfziger Jahre, als die Mechanisierung rasch voranschritt und die Motormäher kamen, wurde das langsame und beschwerliche Sensenmähen auf großen Flächen uninteressant. Nach und nach wurden diese Mähweidenwiesen zum Teil ganz aufgelassen, oder nur als Weide genutzt und zum Teil gerodet, um sie maschinell nutzen zu können, so wie es lagemäßig günstiger war.

Fruchtfolgewirtschaft

Warum es zu dieser Zeit nicht Felder mit so verschiedenen Gräsern wie heute gab sondern ausschließlich Rotkleefelder, lässt sich aus dessen wichtiger Rolle in der Fruchtfolgewirtschaft erklären. Da die Bauern alle Selbstversorger waren und zudem alles händisch getätigt werden musste, mussten besonders in größeren Betrieben zu den Familienmitgliedern zusätzliche Dienstboten eingestellt werden. So waren halt überall viele Menschen mit Nahrungsmitteln zu versorgen, daher musste eine Bäuerin oder Hausfrau genau einteilen. Um alles auszunützen, durfte kein Fleckchen Boden ungenutzt oder unbebaut bleiben. Meine Großeltern und auch später meine Eltern waren in allen Bereichen sehr genau. In meiner Kinder- und Jugendzeit, also vor dem Zweiten Weltkrieg, gab es in unserem Gebiet keinen Handelsdünger. Da wir keinen künstlichen Dünger kannten, wurde eine genaue Fruchtfolge betrieben. Auf einer zweijährigen Kleebrache wurde zuerst Weizen angebaut. Weizen gedieh nach dem Klee am besten. Darauf folgte Hafer und nachher Korn, genauer gesagt Roggen. Im Roggen wurde wiederum Klee eingesät. Wurde der Kartoffelacker gewechselt, was auch alle zwei bis drei Jahre wichtig war, wurde darauf Gerste angebaut. Spielte das Wetter nicht immer wie gewünscht mit, gab's halt trotz des gezielten Wirtschaftens nicht immer den erwünschten Erfolg. Klee war deswegen hoch geschätzt. Weges des feinen, zarten Samens brauchte er nicht eingeeggt, sondern nur bei trockenem Wetter im Frühjahr in den Roggen eingesät werden. Er brachte schon im ersten Jahr nach der Roggenernte eine ausgiebige, jedoch ebenso gefährliche Weide. Wie schon erwähnt, des Blähens wegen musste man halt viel rohfaserreiches Heu oder Stroh zufüttern. Klee brachte in den nächsten zwei Jahren große Mengen an eiweißreichem Futter für die Milchkühe und für Tiere, die gemästet wurden. Ochsen fanden am besten Absatz, wenn sie halb gemästet waren. Außerdem sammelte Klee aus der Luft viel Stickstoff, was auch den nachfolgenden Kulturen zugute kam. Gab es einen trockenen Herbst, so dass der Klee beim zweiten Schnitt keine Lagerfrucht wurde, wurde ein Teil zur Samengewinnung stehen gelassen. Dieser Teil blieb bis Ende Oktober stehen, wurde bei trockenem Wetter gemäht, aufgehiefelt, nach einigen Tagen eingebracht und in sehr reschem Zustand mit der Stiftmaschine gedroschen. Da ist mir noch gut in Erinnerung, welch übergroße Freude mein Vater hatte, als er den Samen wog. „Sechzig Kilo", das erachtete er als einen großen Schatz gegen Ende des Kriegs, wo ohnehin nichts mehr zu bekommen war. Dieser Samen reichte für ein paar Jahre.

Grob aufgeschabt haben wir Zuckerrüben, getrocknet und kurz geröstet, so verwendet wie Rosinen und Korinthen, da wir gegen Kriegsende solche nicht einmal auf der Punktekarte mehr bekamen.

Da meine Vorfahren abgesehen von ein paar einfachen Vorträgen ab und zu überhaupt keine Möglichkeit zum Besuch einer landwirtschaftlichten Schule hatten, mussten sie sich mit gegenseitigem Erfahrungsaustausch helfen. Ich erinnere mich wieder, als Kind, als ich viel mit Großvater mit war, wie er beim Kirchengehen die Bauern traf, mit denen er enger befreundet war. Das waren ein paar aus weiterer Umgebung, mit denen er nach der Kirchzeit in ein Gasthaus einkehrte und über wirtschaftliche Erfolge und Misserfolge, Anbau, Ernte, Tierfütterung, Düngung und dergleichen sprach.

Misserfolge wurden meistens, wenn auch traurig, so doch gelassen hingenommen. Es hieß einfach, irgendwie wird es schon wieder weitergehen. Zu den größten Misserfolgen gehörten Hagelschlag oder wenn es das Wintergetreide, den Roggen für Brot und den Weizen, verwintert hatte, das heißt, dass es, wenn es nicht gefroren wurde im Herbst, unter der dichten Schneedecke erstickte. Das Brotgetreide war als Sommergetreide bei weitem nicht so ertragreich. Auch zu viel oder zu wenig Regen konnte zu einer Missernte führen. Dazu kam noch oft, dass ein Tier verendete. Mit dem Tierarzt wurde sehr gespart. Dadurch, dass keine Straße in unsere Gemeinde Pöllau am Greim heraufführte, konnte ein Tierarzt zu den Rindern ebenso wie ein Arzt zu den Menschen nur zu Fuß kommen. Einen Arzt kannte ich, der ein Pferd hatte zum Reiten. Nur selten wurde ein Arzt, ein Tierarzt oder eine Hebamme vom betroffenen Besitzer mit einem Pferdegespann geholt. Meistens wurde nach genauer Schilderung der Krankheit ein Medikament geholt.

Ein großer Vorteil war, dass sich Menschen auf gewisse Sachen spezialisiert hatten und sich sehr gut zu helfen wussten. So war zum Beispiel mein Schwiegervater ein ausgesprochen guter Geburtshelfer bei Kühen und Pferden. Auch bei anderen Tierkrankheiten kannte er sich recht gut aus. Viele Nachbarn holten ihn, wenn es bei einer Geburt im Stall brenzlig wurde. Sogar bei den schwersten Geburten konnte er fast immer helfen. Wenn es irgendwo zu helfen war, war er sofort bereit, auch zur Nachtzeit. Natürlich tat er dies ohne Entgelt, er freute sich aber über irgendeine Gegenleistung.

Streuarbeiten und Hiefelstecken

Zum Streuarbeiten im Frühjahr gehörte auch gleichzeitig das „Hiefelsteckenmachen“. Diese wurden dringend zum Aufhängen des Futters zum Trocken gebraucht. Einige hundert solcher Hiefelstecken mussten vorrätig sein. Je nach Witterung wurden mehr oder weniger gebraucht. Alte morsche wurden durch neue ausgetaucht. Deshalb wurden jedes Jahr bei der Streuarbeit die passenden Wipfel von den umgeschnittenen Fichten so ungefähr drei bis vier Meter vom Wipfelende herunter, die „Astln“ zehn bis zwölf Zentimeter vom Stamm weg abgeschnitten. An diesen Sprossen konnte man das Futter gut aufhängen. Die Rinde wurde vom Holz heruntergeschält. Das ging nur in den Frühjahrs- und Sommermonaten, später löste sie sich nicht mehr. Für mich war das Schälen dieser Hiefel eine ganz arge Arbeit, eine von den wenigen Arbeiten, die ich nicht gerne machte. Sie war mir deshalb so zuwider, weil mir das viele Pech, welches in der Rinde enthalten war, die Finger so verklebte. Arbeitshandschuhe gab's damals keine, nur selbst gestrickte Wollfäustling für den Winter. Vater hatte dazu eine große Geduld und so behielt er diese Arbeit für sich. Er hatte dabei immer eine in Fettpapier eingewickelte „Schmerkugel" im Sack, mit der er sich von Zeit zu Zeit die Hände einfettete. Dies löste dann das Harz wieder ein wenig. Ich vertrug weder das Harz noch das Einfetten!

Die geschälten Hiefel wurden im Sommer zum Trocknen an einen Baum gelehnt und im Herbst heimgeführt. Daheim hatte sie Vater im Winter fein säuberlich gebrauchsfertig geputzt, gespitzt und hergerichtet. Froh waren wir immer, wenn wir die Hiefelstecken einmal im Sommer nicht soviel in Anspruch nehmen brauchten. Herrschte eine längere Schönwetterperiode ohne Regen, konnte viel Futter durch Bodentrocknung eingebracht werden. Das war eine gewaltige Arbeitseinsparung gegenüber dem Aufhängen auf die Hiefel. Zum Anschauen war ein Futterfeld, wenn es in Hiefel stand, sehr schön, aber es war eine gewaltige Schwerstarbeit. Angetrocknetes Futter musste um die Hiefel herumgewickelt werden, so hoch wie man hinauflangte. Obenauf gab man sozusagen noch einen Hut mit der Gabel. Mein Großvater sagte immer, wenn ein Stück fertiggehiefelt war: „Jetzt haben wir wieder einen Teil halb unter Dach." So ein Hiefelheu gab schon eine ganz gute Qualität. Das Futter kam schnell vom Boden weg, bekam keinen Tau mehr und konnte nicht ausgelaugt werden, sodass die Nährstoffe erhalten blieben. Überhaupt wurde früher großer Wert gelegt auf die Erhaltung der Nährstoffe im wirtschaftseigenen Raufutter, auch wenn das mit mehr Arbeitsaufwand verbunden war. In der Zeit vor dem Zweitem Weltkrieg, als noch kein Güterweg in unser Gebiet führte, wurde zudem außer ein bisschen Kleie für die Kälberaufzucht kein Kraftfutter zugekauft. Es musste alles auf dem eigenen Betrieb produziert werden.

Wenn ich an die Grummet, das ist der zweite Schnitt bei der Futtergewinnung, denke, mit wie viel Sorgfalt diese behandelt wurde. War das Heu oder Grummet zum Einführen noch nicht dürr genug, wurde es am späten Nachmittag zusammengeheigt, sprich zusammengerecht, und zu kleinen Häufchen gemacht, damit es nicht vom Bodentau ausgelaugt werden konnte. Dies geschah auch, wenn Regen nahte. Nur wenn eine längere Regenperiode eintraf, hatte man Pech, da die kleinen Häufchen dann fast zu faulen anfingen. Es kam auch oft vor, dass das Futter vom zweiten Schnitt zu kurz war zum Aufhängen auf die Hiefel, da war dann keine andere Möglichkeit, als nur Häufchen zu machen. Das Auseinanderstreuen der Häufchen am nächsten Tag, das tat ich eigentlich sehr gern, das war lustig, zumindest für mich.

Obsternte und Schnapsbrennen

Rundherum standen entlang der Besitzgrenze zahlreiche verschiedene Baumarten. Bei meinem Geburtshaus waren in Hausnähe fünf große Vogelkirschenbäume gepflanzt. Da nicht alle zur gleichen Zeit reiften, gab's über ein paar Monate hindurch Kirschen zum Essen. Diese Kirscherl waren wohl klein, aber sehr süß und gut. Ich schluckte die Kerne fast immer mit.

Es gab aber auch mehrere Vogelbeerbäume. Diese herrlichen, orangeroten Wildfrüchte lockten nicht nur die Vögel an sondern auch meinen Vater. Mein Vater war durchaus kein „Trinker", hatte aber gern ein gutes Schnapserl im Winter zum Tee. Vogelbeeren und Holler waren und sind auch heute noch ein Spezialprodukt zum Schnapsbrennen, nicht der Ausbeute sondern des gesundheitlichen Wertes dieses Schnapses „für innerlich und äußerlich" wegen.

Im Jahre 1950 gab's auf unserer Waldweide so viele Heidelbeeren, dass es meine Mutter nicht unterlassen konnte. Wir sammelten einen Teil davon, trugen sie mit Buckelkorb und Holzkorb vom Berg herunter und erzeugten daraus einen herrlichen Schnaps. Dieser Schnaps wurde in gut verschlossenen, entsprechend gekennzeichneten Flaschen aufbewahrt. Er war ein gutes Mittel gegen Durchfall bei Mensch und Tier. Ich habe lange ein kleines Fläschchen von diesem Schnaps aufbewahrt und hab ihn erst vor einigen Jahren verbraucht.

Reichten diese Beeren nicht, brannte man Schnaps aus Getreide, Roggen, Hafer oder Gerste.

Zum Schnapsbrennen bekam jeder Betrieb nur wenige Tage vorgeschrieben. Zu dieser Zeit wurde vielmehr Hausbrand gebraucht. Ein bissl Most gab's bei Betrieben, welche ein paar Obstbäume hatten, wenn ich aber zurückdenke gab's bei den meisten Betrieben keine Obstbäume. Daher waren alle auf den Schnaps angewiesen. Wenn Besuch kam, war es üblich, ein Stamperl herzustellen, allerdings nicht für Kinder. Für den Tee im Winter und vor allem zum Almgehen war Schnaps wichtig. Die Menge musste sich jeder selber einteilen. Bier oder Limo war in keinem Haushalt zu finden. Selten wurde zu Weihnachten mit einer Kanne vom nahe gelegenen Wirt ein wenig Bier vom Fassl geholt.

So passierte es einmal, dass beim Schnapsbrennen der Kupferkessel ein Loch bekam. Es hieß schnell ausleeren, reinigen und zum Spengler damit. Meine Schwester und ich sollten den Kessel zum neun Kilometer entfernten Spengler in die Stadt tragen. Zwei Stunden mit dem Kessel zu Fuß marschieren, ging uns leider ganz und gar nicht ein. So entschlossen wir uns, das Pferd einzuspannen. Es war noch sehr jung und noch nicht eingelernt, das heißt, es war noch nicht in allem trainiert. Doch wir hatten ja keine Angst. Es war eine ganz lustige Fahrt, da ein jüngeres Pferd besonders schnell galoppiert. Es wäre auch alles gut gegangen, wenn's nicht einen kleinen Zwischenfall gegeben hätte. Schon in der Stadt angekommen, waren vor einem Haus zwei Männer mit einer Kreissäge mit Holzzerkleinern beschäftigt. Durch das laute Surren beim Durchschneiden des Holzes erschrak das Pferd und machte einen so gewaltigen Satz, dass der Schlitten umkippte, wir wegkollerten und das Pferdl mit dem umgekippten Schlitten davongaloppierte. Eine mutige Bäuerin aus der unmittelbaren Nachbarschaft, die selbst mit den Pferden vertraut war, war gerade zur Stelle. Sie fing es gleich ein und beruhigte es. So ist zum größten Glück weiters nichts Schlimmes passiert. Wir richteten das Gespann zu Recht und fuhren weiter, natürlich mit mehr Vorsicht!

Auch wurden alle Jahre, falls es welche gab, Heidelbeeren getrocknet. Das war ein Mittel gegen Durchfall bei Mensch und Tier und half auch rasch und sicher. Desgleichen wurden auch jedes Jahr Vogelkirschen in der Sonne oder im Ofen getrocknet. Diese wurden gebraucht, wenn eine Sau oder ein Schweinchen Verdauungsprobleme hatte. Großmutter sagte, wenn sie einige Kirschen oder auch nur Kirschkerne annimmt, ist die Sau gerettet. So war es auch immer, außer eine Sau hatte „Rotlauf", da kam man ohne Tierarzt nicht aus. Ansonsten hat man mit so einfachen Mitteln viel geheilt. Außerdem aßen wir Kinder im Winter getrocknete Kirschen oder Birnen sehr gern. Es war eine lange Zeit im Winter, wo es kein Obst gab. Marmelade kannten wir als Kinder überhaupt nicht, gelegentlich gab es Honig.

So waren meine Eltern drauf aus, und das haben auch wir Kinder so gelernt, alles Mögliche zu sammeln, was es so rundherum gab. Vater hatte einen enormen Eifer und auch eine Ausdauer beim Vogelbeerenpflücken. Kein Baum war ihm zu hoch, jedes Zeitl nützte er dazu, Vogelbeeren zu pflücken. Außer an Sonn- und Feiertagen, diese Tage wurden bis auf die Versorgung der Tiere arbeitsfrei gehalten. Der Kirchgang war eine Selbstverständlichkeit.

Zum Vogelbeeren und Kirschenpflücken gab's wohl auch eine Leiter, doch keine Alu- sondern eine Holzleiter. Vater benützte jedoch lieber die „Loan", eine „Lehne". Das war ein Fichtenstamm mit eingebohrten Sprossen. Am unteren Ende war in einem Einschnitt quer ein kantiges Brettl angebracht, welches ein wenig beweglich war, sodass die Loan auch in etwas schiefem Gelände fest stand und nicht wegrutschen konnte. Auf dieser Loan stieg Vater auf die höchsten Gipfel, um die Beeren herunterzuholen. Wenn ich jetzt zurückdenke, war es schon ein großes Wunder, dass Vater nie etwas passiert war. Wir mussten ja helfen bei solchen Arbeiten, aber so weit trauten wir uns nicht hinauf. Vater lehrte uns: „Beim Aufloan müsst ihr immer achten, wenn die Loan oder die Leiter abrutscht, dass sie in den Baum hineinrutscht, dass sie ja nicht von den Ästen nach außen rutscht. Das wäre dann gefährlich!" So hat Vater auch einmal ein ganzes Fass voll Vogelkirschen gepflückt zum Schnapsbrennen, worüber er sich und auch die Mutter riesig freute. Wie ich schon erwähnt habe, gab's gleich neben dem Haus mehrere Vogelkirschenbäume. Kamen die Vögel in größeren Schwärmen zu den Beeren, wurde es dem Vater zu bunt. Er schoss einen Vogel und hängte ihn an einer langen Stange knapp neben den Bäumen auf. Da kam dann kein einziger Vogel mehr. Nicht, dass Vater den Vögeln nichts gönnte, er sagte, an den Waldrändern stünden genug Beerenbäume, um die sich kein Mensch kümmern würde. Diese sollten die Vögel suchen und sich zu nutze machen.

Die weitere Verarbeitung mit dem Abrebeln und Einmeischen der Vogelbeeren oblag dann der Mutter, wo auch wir wieder mithelfen mussten. Dazu zählt dann auch das Brennen der Beeren. Das war eine der vielen Herbstarbeiten.

Obst gab in unserer Gegend damals sehr wenig. Erst im späteren Verlauf wurden durch Obstbaukurse und Vorträge Obstbäumchen gepflanzt. Wir Kinder lechzten nur so sehr nach Äpfeln. Kein Apfel war uns zu hart oder zu sauer. Onkel Franzl bekam ab und zu vom Herrn Pfarrer, der einen größeren Obstgarten in der Ortschaft hatte, einen Rucksack voll Äpfel, welchen er den fünf Kilometer weiten Weg auf dem Rücken heimtrug. Auch bei ein paar Bauern in der Ortschaft bekam man kiloweise Äpfel zu kaufen. Dass es großteils Fallobst war, machte uns nichts aus, Hauptsache es war Obst.

Onkel Lorenz, Jahrgang 1908

Mein jüngster Onkel Lorenz wanderte nach Pöls aus, weil er dort in der Papierfabrik Arbeit fand und heiratete in eine kleinere Landwirtschaft ein. Diese Landwirtschaft lag knapp neben einem Schwarzenbergschen Schloss mit Obstgarten. Auf Grund der guten Beziehung zum fürstlichen Ehepaar fand er auch Möglichkeiten zur Fortbildung, vor allem im Obstbau. Er legte einen schönen Obstgarten an, lernte das Veredeln und auf Grund der geschützten Lage sowie seiner Vorliebe für lauter Edelobst gab's auch für uns bald reichlich

Obst. Ich kann mich noch lebhaft an die guten Apfelsorten und auch an die Birnen erinnern, welche man jetzt nirgends mehr bekommt. So kam auch Onkel Lorenz ab und zu mit einem Rucksack voll Obst, oft sogar mit dem Fahrrad. Auch mit Honig versorgte er uns reichlich, hatte er ja doch eine große, gut eingerichtete Bienenhütte mit vielen Bienenvölkern. In den Ferien verbrachten wir Kinder abwechselnd oft eine Woche bei ihm. Da konnten wir nach Herzenslust Obst essen und auch Honig. Onkel Lorenz verunglückte mit dreiundvierzig Jahren auf tragische Weise tödlich. Was ich bis heute noch bereue, Onkel Lorenz wollte mir unbedingt das Veredeln von Obstbäumen bebringen. Doch wie man halt in jungen Jahren dumm ist, fand ich keinen Gefallen daran. Später, als er nimmer lebte, tat es mir leid. Jedes wild wachsende Obstbäumchen holte er vom Wald heim und veredelte es. Er hatte Bäume, auf denen er zwei und drei Sorten aufveredelt hatte.

Laubzusammenrechen

Waldstreuheimführen und Laubzusammenrechen geschahen schon vor der Adventzeit, so um Allerheiligen herum, oder überhaupt noch früher, es wurde geschaut, dass die Streu trocken unter Dach kam. Diese wurde im Winter ja dringend gebraucht. Das Laubsammeln war eine schwerere Arbeit für die Frauen. War auch das Zusammenrechen oder „Zusammenheigen“, wie es damals hieß, weniger schwer, so war es das Heimtragen umso mehr. Rund um die Betriebsgrenze bei den Zäunen standen verschiedene Laubbäume: Ahorn, Esche, Ulme, Hasel, Traubenkirsche, Vogelkirsche und mehrere Vogelbeerbäume. Solche Baumreihen waren oder sind nebenbei die natürlichsten Betriebsabgrenzungen.

Wenn in der Zeit des Laubabfalls nicht allzu viel Wind blies, kamen unter diesen Bäumen ganz schöne Laubpolster zusammen. Die zusammengerechten Laubhaufen füllten wir in alte, zusammengenähte, rupferne Leintücher, banden die Enden übers Kreuz zusammen und abwechselnd trugen wir so einen großen „Bingl“ auf dem Kopf zum Stall.

Warum auch das Laub auf dem Kopf getragen wurde, wird wohl deswegen gewesen sein, weil das Tragen auf dem Kopf eine Tüchtigkeit darstellte und Tüchtigkeit als große Ehre galt. Weil Mutter nimmer so schwer arbeiten konnte und meinen Schwestern und mir das Lastentragen auf dem Kopf nicht zusagte, war sie ganz und gar einverstanden, wenn wir mehrere Tücher nahmen, die „Bingl“ auf den Wagen luden und mit den Kühen heimfuhren.

Waren bei meinem Daheim die Laubbäume größtenteils ober dem Hof, sodass das Laub talwärts gebracht werden konnte, kannte ich auf der gegenüberliegenden Seite bei einem Bauern eine Dienstmagd, welche, solange es das Wetter zuließ, immer Laub sammelte und das Laub auf dem Kopf über den Hang bergauf trug. Dabei war diese Frau gar nimmer so jung. Sie war im Dienst auch Sennerin, hatte drei Töchter und konnte erst spät heiraten. Zwei Kinder musste sie zu Pflegeplätzen auf Kost geben, das jüngste konnte sie dann bei sich behalten. Ihr Mann war ein Holzknecht. Gemeinsam zogen sie in ein altes Haus, wo sie ein paar Ziegen und Schweindl hielten. Für das Wohnen betreute sie für einen größeren Bauern, auf dessen Weide das alte Haus stand, die Rinder. Ihr Mann ging weiter der Holzarbeit nach, bis er krank wurde und starb. Nach seinem Tod zog sie samt ihrer jüngsten Tochter wieder zum Betrieb, von dem sie weggeheiratet hatte. Diese Frau kannte ich von ernst bis gut aufgelegt, aber nie grantig. Ihre Hände habe ich noch immer in Erinnerung, voller Schrunden und „Schrick“, wie man sagte. Wenn man sie drauf ansprach, lachte sie ein wenig und sagte, sie habe immer so heiß gewaschen, das habe ihr die Haut so spröde gemacht. Die Haut an den Händen war so rissig, dass manchmal die Blutstropfen standen. Dabei scheute sie aber vor keiner Arbeit zurück. Gummihandschuhe gab’s damals ja keine. Die älteren Töchter zogen in die weite Welt, die jüngste heirate einen Bauern, zu welchen sie dann zog, als sie nicht mehr arbeiten konnte. Dort verbrachte sie ihre letzten Lebensjahre. Diese einfache, liebe Frau war die Funkl Hanna.

Drescharbeiten

Zu den Arbeiten, die größtenteils während der Adventszeit anfielen, gehörte das Brennholzheimführen und die Drescharbeiten Mit den Drescharbeiten wurde es im Advent so ziemlich eilig. Man brauchte frisches Stroh und Haferfleign zum Wechseln für die Betten. Dies erfolgte meist in der vorletzten Woche vor Weihnachten, denn an

Weihnachten musste alles neu und sauber sein. Das zusammen geknitterte Stroh wurde wieder mittels Leintücher so ähnlich wie beim Laubtragen wegbefördert, in den Stall zum Einstreuen. Die Betten wurden abgestaubt und nass abgewischt. Wenn sie wieder trocken waren, wurden sie mit frischem Stroh gefüllt. Das gleiche geschah auch mit den Säcken und den Kopfpolstern, die auch ausgeleert, gewaschen und neu gefüllt wurden. Dieses Wechseln erfolgte mindestens zweimal im Jahr, wenn dreimal, war es umso besser. Das war eine gewaltige Arbeit. Beim Hin- und Hertragen fiel ja Stroh weg, da war dann am Schluss das ganze Haus zum Auskehren, und wie ich noch Kind war, gab's nur handgebundene Birkenbesen. Gekaufte Besen kamen erst später.

Hafer und Gerste wurden mit der gleichen Maschine wie die Erbsen gedroschen. Roggen und Weizen drosch man mit den Dreschflegeln, „Schwinkel" genannt. Auch das Dreschen mit den Schwinkeln hab ich noch lernen müssen. Wenn ich von der Schule heimkam, musste ich mithelfen. Diese Arbeit erstreckte sich über den halben Winter hinaus und war gar nicht einmal so leicht zu erlernen. Es musste ja ein genauer rhythmischer Takt eingehalten werden. Das ging so vor sich: Dem Takt wurden lustige Sprüchlein zugeteilt, die bei drei Dreschern etwa folgendermaßen lauteten: „Eins, zwei, drei – eins, zwei, drei" und so fort. Bei vier Personen hieß es: „Koa Brot am Tisch – koa Brot am Tisch". Bei den größeren Betrieben mit mehreren Dienstboten erklang der Rhythmus von sechs Dreschern mit dem dazugehörigen Sprüchlein: „Stich Hund ab, stich Katz ab – stich Hund ab, stich Katz ab."

War ein Dreschlehrling dabei, ist's schon vorgekommen, dass der gleichmäßige Rhythmus durcheinandergeriet. Der Vordrescher stoppte mit ein paar schnelleren, lauteren Stopfern am Boden ab. Gleich wussten alle, wer gepatzt hatte, und es musste von neuem angefangen werden. Beim Lernen kam es schon vor, derweil man das Schwingen noch nicht richtig beherrschte, dass man vom Schwinkel am Kopf getroffen werden konnte. Wo ich jetzt daheim bin, hängen in der Tenne noch ein paar solche Dreschflegel zur Erinnerung.

Man bedenke, wie viel Kräfte diese Arbeiten erforderten. Da wurde der dicke Speck von den damaligen Schweinen dringend benötigt. Am Schluss solcher langen, schweren Arbeit gab's dann von den Bauersleuten als Belohnung eine kleine Feier mit einem besseren Essen.

Das Dreschen mit den Dreschflegeln und mit der Zahnmaschine gab's bis Anfang des Zweiten Weltkrieges, bis Ende der Dreißigerjahre. Dann kamen die von Benzin oder Dieselmotoren angetriebenen Breitdreschmaschinen. Das war dann eine ganz große Erleichterung, zur Drescharbeit waren aber trotzdem noch ziemlich viele Arbeitskräfte erforderlich. Der große Vorteil war, dass sich die Drescharbeit je nach Größe des Betriebes und der Menge des Getreides nur über einige Tage bis maximal über eine Woche erstreckte. Im Durchschnitt wurde diese Arbeit von sechs bis sieben Personen verrichtet. Im Gegensatz zu den Zahndreschmaschinen, bei denen das Getreide mit den Ähren vorne der Länge nach in die Trommel geschoben wurde, musste bei den Breitdreschmaschinen das Getreide quer eingelassen werden. An der Vorderseite der Maschine war ungefähr auf menschlicher Hüfthöhe ein Holzgitter montiert, auf dem das ausgedroschene Stroh liegen blieb. Getreide samt Spreu fielen durch. In unserem Gebiet hieß die Spreu „Gsod".

Eingeteilt wurde die Drescharbeit nach der Zumutbarkeit der Tätigkeiten. Weil ja größere Kinder mithelfen mussten, wurden diese so eingeteilt, dass sie nicht zu nahe an Maschine und Motor arbeiten mussten. So mussten Kinder das Getreide zur Maschine befördern und eine Person schnitt die Bandln bei den Getreidegarben durch. Das Einlassen erfolgte von einer vertrauten Person, weil's eine genauere Arbeit war, zumeist vom Hausherrn selbst. Eine Person, großteils eine Frau, drehte aus langem Stroh lange Bänder, welche zwei kräftige Personen, die das gedroschene Stroh am Holzgitter auffingen, zu großen „Bunsen" banden. Die Hauptperson hatte den Motor, die Dreschmaschine und sämtliche Arbeitskräfte zu überwachen. Zwischendurch schob jener das Getreide mit „Gsod" vermischt, wenn's bis zum Holzgitter anstand, von der Maschine weg nebenan auf einen Haufen zusammen. Auch half er, wo es gerade notwendig war. Ansonsten lief die Drescharbeit wie am Fließband. Weil so viele

Arbeitskräfte erforderlich waren, blieb wieder nichts anderes übrig, als dass sich die Bauern in der Nachbarschaft gegenseitig aushalfen.

Wie im Sommer beim Einführen der Getreidegarben, so wurden auch jetzt wieder die ausgedroschenen „Bunzen“ mit der „Roachgabel“, einer Gabel mit langem Stiel, in die „Briagl“ hinaufgehoben. Eine Person, welche ganz knapp beim Briaglloch stand, fing mit einer kleineren Gabel die Garben oder Bunzen auf. Diese Arbeit hieß „Luckennehm“. Der Luckennehmer nahm die Garben vom „Aufigeber“ und gab sie dem „Garbenroacher“. Dieser wiederum reichte die Garben oder Bunzen weiter zum Leger oder zur Legerin.

Das Legen musste genau und gewissenhaft getätigt werden. Jetzt erinnere ich mich wieder an meine Mutter. Sie hatte das Legen immer kniend ausgeführt. Sie kniete deshalb drauf, damit die Garben in der Reihe ganz fest nebeneinander blieben und nicht verrutschten. „Damit recht viel Platz hat und die Mäuse nicht so hausen können“, hat sie immer gesagt. Da vom Getreideeinführen bis zum Dreschen immerhin ein paar Monate vergingen, hatten die Mäuse dennoch eine Zeit lang eine glückliche Ruhe in den Getreidestöcken. Auch ich habe diese Arbeiten mit Ausnahme des Briaglgeben, welches ausschließlich Männerarbeit war, noch alle getätigt. Nur das Knien beim Legen, das hat mir nicht zugesagt. Ich bin auf den Garben nur fest draufgestanden, habe aber meine Eltern damit nie richtig zufrieden gestellt.

Das ausgedroschene Stroh von Roggen und Weizen wurde zu Bunsen gebunden. Das Stroh von Hafer und Gerste wurde lose weggeräumt, dann kurz geschnitten und an die Rinder verfüttert. Die Bunsen wurden dann, so wie sie gebraucht wurden, zum „Ausschabm“ von der Briagl geholt. Beim Ausschaben nahm man soviel Stroh, wie man in jeder Hand nur fassen konnte, bei der Ährenseite und schüttelte das feine Stroh und auch das Gras und Heu, welches ja fast immer im Getreide mit wächst, mit einigen kräftigen Schwingungen aus dem langen, groben Stroh heraus. Das feine Produkt wurde auch dringend zum Füttern gebraucht, das grobe hingegen ganz gleichmäßig zusammengelegt und eine gewisse Menge wieder mit Strohbändern zwei-, drei- oder, wenn das Getreide recht lang war, sogar viermal abgebunden. Das waren dann die „Schab“. Das auf diese Weise von Staub und Gsod gereinigte Stroh wurde zum Befüllen der Betten benötigt, das übrige Stroh, oder besser gesagt die Schab, wurde mit dem Strohstock zwischen den Bändern durchgeschnitten, das waren dann die „Binzla“ zur Einstreu für die Schweine und Kälber. Überhaupt wurde auf reine Einstreu für kleine junge Kälber und junge Ferkel großer Wert gelegt.

Der Strohstock war ein Gerät, dem ein heutiger Häcksler ähnelt. Statt der Häckslermesser war halt eine dafür eigene Sense montiert. Mit der linken Hand schob man die erforderliche Länge des Strohs nach und mit der rechten Hand schnitt man quer durch. Mit dieser Strohstocksense wurde auch das Stroh vom Hafer, von der Gerste und das Stroh vom Ausschabm kurz geschnitten, ebenso Heu, wenn es recht lang war. So ein Strohstock durfte wohl in keinem Stadl fehlen. In unserem Gebiet wurden zu dieser Zeit und noch früher die Stadl alle sehr hoch gebaut, um möglichst viel unters Dach zu bringen. Damals gab's noch keinen Silo. Im Erdgeschoß war das Vieh untergebracht, im Stock darüber Heu und Grummet, im Dachgeschoß, der so genannten „ Briagl“, wurde das Getreide bis zum Dreschen gelagert und nach dem Dreschen die Schab und das Stroh sowie die Bunsen. War alles Stroh von der Tenne weggeräumt, wurde die Tenne sauber zusammengekehrt. Nun waren in der Tenne nur noch die Getreidehaufen nach Sorten getrennt aufgeschaufelt.

Dreschwagen und Motor wurden zum nächsten Betrieb weggeführt. Anfangs konnten sich nur die größeren Betriebe ein sogenanntes Dreschzeug leisen. Sie fuhren damit gegen Lohn zu den kleineren Betrieben. Dieser Lohn war jedoch ein ganz bescheidener, der manchmal auch mit Arbeitsleistung beglichen wurde.

Weil die Getreidekörner mit Gsod vermischt waren, war die nächste Arbeit das „Gsodfan“ und Abwinden. Dazu verwendete man die „Reiter“, das waren Siebe mit einem Durchmesser von ungefähr sechzig bis siebzig Zentimeter. Durch das Hin- und Herschütteln mit dem Reiter fiel das Getreide mit dem feinen Gsod durch und der grobe Teil blieb im Reiter. Letzteres wurde auf einen Haufen geschüttet und zum Füttern weiterverwendet. Das Getreide wurde dann mittels einer handbetriebenen Windmühle vom feinen Gsod befreit. Je größer diese Haufen waren, umso länger dauerte diese unangenehme

Staubarbeit. Aber die Freude über die großen Haufen war natürlich größer, gab's ja für die Leute wieder genug Brot und für das Vieh reichlich Kraftfutter. Bekam das Vieh zu Heu und Stroh reichlich Kraftfutter, gaben die Kühe mehr Milch, das Jungvieh wuchs schneller heran und die Schweine wurden fetter, was wiederum der Essensversorgung der Familie und des ganzen Gesindes zugute kam.

Die Drescharbeit ist aber in meiner Erinnerung auch mit zwei unangenehmen Erlebnissen verbunden, von denen das eine in meine Kindheit zurückreicht.

Zum Erbsendreschen gab es in meiner Kindheit eine Zahnmaschine, welche von zwei oder drei Personen händisch getrieben wurde. So warteten schon meine Mutter, mein Großvater und mein Onkel, bis ich von der Schule heimkam. Es hieß schnell essen und dann ging's los. Mutter und Onkel trieben die Maschine, Großvater schob das Produkt gleichmäßig hinein und ich musste bei der Maschine vorne das ausgedroschene Stroh wegräumen. Diese Arbeit musste ich mit einer Gabel ausführen. Das ausgedroschene Stroh und die Erbsen schossen durcheinander herunter. Die Erbsen spritzten so weit, dass mich eine um die andere im Gesicht so grob traf, dass ich die Gabel im Bogen weghaute und beim Tenntor hinausweinte. Mutter vergewisserte sich gleich und sagte dann: „Ich glaub's dem Dirndl, mir sind die Erbsen an die Brust geschossen."

Das zweite ungute Erlebnis ereignete sich Ende der Vierzigerjahre. Der alte Stall meines Daheims, wo ich aufgewachsen war, erwies sich immer schon als zu klein. Kam ein Jahr mit etwas reichlicherer Ernte, konnte gar nicht immer alles unter Dach gebracht werden. So war es auch diesmal. Weil beim Korndreschen kein leerer Barren zur Verfügung war, mussten die gedroschenen Bunsen derweil ins Freie gebracht werden, bis der Hafer von der Briagl herunter gedroschen war. Das lose Haferstroh kam dann in den leeren Kornbarren. So und nun, nach einem ganzen Tag Drescharbeit, wo wir alle schon müde waren und uns auf die nächtliche Ruhe freuten, fing es an zu regnen. Wären die Bunsen ganz durchnässt gewesen, das hätte eine Katastrophe gegeben. Da kam der Vater: „Wir müssen schnell gehen, Bunsen einräumen." Vater, Mutter und wir, drei ältere Geschwister, arbeiteten bis weit über Mitternacht und das bei Petroleumlampen, denn damals gab es bei uns heroben noch keinen Strom. Am nächsten Tag war es wieder zum Dreschen. Es durfte keine Zeit versäumt werden, da ja der nächste schon wieder auf das Dreschzeug wartete. Wie gefährlich die Petroleumlichter im Stall waren, das kann man sich jetzt gar nicht mehr vorstellen. Und doch kann ich mich nicht erinnern, dass wegen so einer Lampe einmal ein Brand entstanden wäre.

Weil alle gesunden Mannsbilder über achtzehn Jahre zum Krieg eingezogen wurden und nur mehr die älteren Männer, Frauen und Kinder und da und dort ein Kriegsgefangener oder Zwangsarbeiter aus dem Osten zur Arbeit zur Verfügung standen, hatte die Gemeinde in den Kriegsjahren einen großen Dreschwagen, einen „Ganzputzer", wie er hieß, angekauft. Diesen konnte jeder Besitzer zum Dreschen mieten. Für das Personal brachte die Arbeit damit eine große Erleichterung. Die Säcke für das Getreide wurden an die Maschine angehängt und hinein rann das geputzte Getreide. Jener, der die Aufgabe hatte, alles zu überwachen, musste dann zusätzlich die Säcke, wenn sie voll waren, wechseln und zur Aufbewahrungstruhe wegtragen. Wegen der Größe dieses Dreschwagens konnten ihn nicht alle Besitzer in der Gemeinde in Anspruch nehmen. Manche Stallgebäude hatten für die große Maschine zu kleine Einfahrtore. Auch die Karrenwege zu den Gehöfen hin waren mitunter zu schmal oder zu steil. Zum Überführen dieser Maschine wurden große, schwere Zugochsen oder Kalbinnen benötigt. Solche Zugtiere waren nur auf den größeren Betrieben vorhanden. Weil mein Vater dieses Angebot von der Gemeinde nicht in Anspruch nehmen konnte, entschloss er sich, Anfang der Fünfzigerjahre selber einen etwas kleineren „Ganzputzer" samt Dieselmotor zu kaufen. Es ging mit dem kleineren ein bisserl langsamer, brachte aber den großen Vorteil der Unabhängigkeit. Wir konnten kleinere Menger dreschen und waren an keine Zeit mehr gebunden.

Diese Dreschvorrichtung war in Betrieb, bis in unser Gebiet von zwei Seiten herauf Güterwege gebaut wurden. Durch den Wegebau wurden die Steilstücke an den Karrenwegen entschärft und enorm verbreitert. Es begann eine große Wende der Wirtschaftsweise. Durch das leichtere Transportieren stiegen der Getreide- und Futtermittelzukauf rasant an. Allmählich wurden die Getreideflächen kleiner, so dass jetzt, bis auf einige wenige, fast alle mit dem Getreideanbau ganz aufgehört und auf Grünlandwirtschaft umgestellt hatten. Mit dieser Umstellung wechselte auch die Selbstversorgerwirtschaft auf teilweise Milchproduktion. Die Standdreschmaschinen wurden von den Mähdreschern abgelöst. Nur kann mit den Mähdreschern auf Hanglagen und ungleichen Äckern nicht gedroschen werden, was auch ein Grund dafür war, dass die meisten bei uns im Berggebiet mit dem Getreidebau aufgehört hatten. Wenn man bedenkt, dass sieben bis neun noch dazu händische Arbeitsgänge durch den Mähdrescher wegfielen.

Ölgewinnung aus Leinsamen

Ein Besitzer am Bach in unserer Nähe hatte eine Mautmühle, wo er auch Leinsamen vermahlen konnte. Im Laufe von zwei oder drei Jahren gesammelter Leinsamen, die Menge musste sich auszahlen, wurde zu diesem Besitzer gebracht und sobald er den Leinsamen gemahlen hatte, bekamen wir Nachricht und da durfte ich als Kind dorthin mitgehen und beim Pressen zuschauen. Das gemahlene Produkt musste ganz frisch verarbeitet werden. Die Ölpresse stand im Vorhaus. In der Küche gab's noch eine offene Feuerstelle. Der gemahlene Leinsamen kam in eine große Pfanne und wurde mit ein paar hinzugegebenen Schöpfern Wasser unter ständigem Rühren kurz geröstet. Die heiße Masse kam mittels eines Leinentuchs in die Presse, ein schwerer Holzklotz drauf, und wurde mit einer dicken Holzstange, die hinten in einen kräftigen Ansatz gesteckt wurde, mit Gefühl niedergedrückt. Aus einem Röhrchen rann das warme Öl heraus, das ganz wunderbar duftete. Im frischen Zustand konnte man es ohne weiters für eine Salatmarinade verwenden. Es hatte eine Ähnlichkeit mit dem jetzigen Kernöl. Ganz besonders gut schmeckten die aus dem frischen Leinöl gebackenen Bauernkrapfen. Manchem sagte der Geschmack nicht so sehr zu, ich aber aß diese Krapfen sehr gern. Dieses Öl hatte auch eine besondere Heilwirkung. Wenn es alt wurde und zum Verzehr nicht mehr brauchbar war, wurde es aufgehoben und als Heilmittel für Mensch und Tier einge-

Alte Brechel-Hütte („Badstube“);
mein Geburtshaus oben links im Hintergrund

setzt. Dies war nun die Verwertung des Lein, des Samenkorns vom Flachs. Nur alle zwei bis drei Jahre fand das Leinsamenausschlagen statt. Flachs hingegen wurde jedes Jahr angebaut.

Flachsverarbeitung

Der Flachsanbau erfolgte im Frühjahr auf einem ziemlich mageren Boden. Da die jungen Pflänzchen frostempfindlich waren, durfte nicht zu früh angebaut werden. Der Flachs blühte wunderbar lichtblau, so war ein Flachsfeld in der Blüte eine wunderschöne Augenweide. War die Kapsel braun gereift, wurde der Flachs samt der Wurzel ausgezogen und in Büscheln kreuz und quer zum Trocknen auf Hiefeln aufgelegt. Wenn es trocken war, wurden die Hiefel samt dem Flachs unter Dach gebracht. Hauptsächlich war es dann eine Regenarbeit. Es wurde ein Hiefel nach dem anderen geholt und büschelweise die Samenkapsel heruntergeriffelt. Dazu diente ein eigener „Riffelstock", so dass diese Arbeit sogar sitzend ausgeführt werden konnte. Die Samen reinigte man dann mittels einer Windmühle und mit Sieben. Der Flachs wurde auf einer Wiese dünn ausgebreitet und durch Regen und Sonne mehrere Wochen gebleicht. Nach der Bleiche wurde er bei sehr trockenem Wetter wieder aufgesammelt, zu großen Bunsen gebunden und luftig unter Dach bis Ende November, Anfang Dezember gelagert. Diese Zeit war dann die „Brechelzeit". Dazu gab es eigene Brechelhütten, die „Badstuben" genannt wurden, von denen wohl nirgends mehr eine steht. Wegen der geringen Auslastung wurden diese Badstuben durchwegs von mehreren Betrieben genützt und in Stand gehalten. Eine Badstube war in zwei Teile geteilt. Eine Hälfte war ein geschlossener Raum, in dem sich ein gemauerter, hitzedurchlässiger Ofen befand, welcher von außen zu heizen war. Fenster hatten diese Stuben keine, nur in die Wand eingeschnittene, viereckige kleine Löcher in der Größe von ungefähr 25-30 x 25-30 cm. Auch diese paar Löcher wurden mitten im Heizvorgang verschlossen, damit keine Hitze verlorenging. Unter der Decke war ein Holzgerüst eingebaut, damit der Flachs stehend ganz locker eingeschichtet werden konnte.

Die Löcher waren wohl deshalb wichtig, weil sich am Anfang beim Heizen in der Stube samt Flachs Feuchtigkeit bildete. Jener Besitzer, welcher als Erster mit dem Brecheln anfing, musste in Kauf nehmen, dass er einen halben Tag länger heizen musste. Die Nachfolgenden hatte es besser, sie hatten beim Einschichten des Flachses eine warme Stube und brauchten nimmer so lang heizen, weil sich in der Badstube keine Feuchtigkeit mehr bildete. Der zweite Teil der Badstube war überdacht und an drei Seiten offen. Weil es bei der Brechelarbeit stark gestaubt hat, wurde sie in diesem offenen Raum durchgeführt, so konnte der Wind den Staub gut wegblasen.

Nun begann das Heizen. Circa anderthalb Tage musste auch bei Nacht durchgeheizt werden und das womöglich mit gutem Laubholz. Nadelholz war wegen des Funkenflugs zu gefährlich. Um in den Brechelstuben möglichst die ganze Hitze abzugeben, waren die Öfen nicht sehr dicht gemauert. Da kam es, wenn zu viel geheizt wurde, wohl auch vor, dass die Brechelhütte samt Flachs abbrannte. Deshalb wurden Brechelhütten ziemlich weit entfernt von anderen Gebäuden aufgebaut. Nun kann man auch verstehen, dass das „Haardörrn“ oder „Flachsdörrn“, wie es geheißen hat, eine Spezialarbeit war, welche mein Onkel und später mein Vater verrichteten. Meist gehörten Brechelhütten Gemeinschaften von zwei, drei oder auch mehreren Bauern. Je besser gebleicht und gedörrt wurde, desto besser löste sich beim Brecheln die Faser von den „Ogen“, wie die Spelzen genannt wurden. Das Brecheln war eine gewaltige Staubarbeit, trotzdem freuten wir uns immer drauf, da gab es ein besseres Essen und weil aus der Nachbarschaft dazu noch einige Personen eingeladen wurden, ging es bei dieser Arbeit immer recht lustig zu.

Die Brechelarbeit war auch mit verschiedenen eigenartigen Bräuchen verbunden. Wenn der gedärrte Flachs richtig resch war, das musste vorher kontrolliert werden, ging es los. Durchwegs wurde, je nach der Menge des Flachses und der zur Verfügung stehenden Personen, um zwei oder drei Uhr in der Früh angefangen. Selten wurde abends begonnen und die Nacht durchgebrechelt. Eingeteilt wurde die Zahl der Personen nach der Menge des Flachses. Drei, vier, fünf Paare waren das häufigste. Die Männer mussten mit den schweren Brecheln, welche auf zwei Holzpflöcken montiert waren, die Faser von den ärgsten Spelzen befreien. Die Frauen hatten kleinere, zartere Brecheln zur Fertigausführung. Die großen Brecheln hießen

„Männerbrecheln“ oder „Überschlagsbrecheln“ und die kleinen „Ausmachbrecheln“. Man war noch gar nicht ganz aus der Schule, musste man diese Arbeit auch schon lernen. Wenn der Flachs aus der Dörrstube geholt wurde, war er noch ganz heiß, da löste sich die Faser am besten. Dazu kam noch ein Vorteil, niemand wurde dabei in den Händen kalt. Diese Arbeit geschah im Freien, in einem überdachten Anbau an die Dörrstube. Ende November, Anfang Dezember war es oft schon ziemlich kalt. In einem geschlossenen Raum wäre diese Arbeit wegen des dichten Staubes nicht möglich gewesen. Um diese Staubarbeit ein wenig aufzulockern, wurde neben der Arbeit viel hin- und hergeblödelt und gelacht. Die Männer neckten die jungen Frauen beziehungsweise Mädchen und umgekehrt. Auch kam dabei so manches Liebesgeheimnis an die Öffentlichkeit. Im Gegensatz zur jetzigen Zeit hielt damals ein Liebespaar die Beziehung, so lange es ein bissl ging, im Geheimen.

So ungefähr nach anderthalb bis zwei Stunden Brechelzeit kam einer von den Bauersleuten oder auch beide mit der Nachtjause vorbei. Krapfen und einen kräftigen Tee gab’s da. Ich glaube, Krapfen wurden das ganze Jahr über nie soviel gebacken wie zum Brecheln. Zum Frühstück gab’s dann Kaffee und Weißbrot, auch „Mohnwoaza“, eine Mohnpotitze. Zum Frühstück gingen die Brechler zum Wohnhaus. Nur der Haardörrer blieb zurück und heizte wieder ein bissl nach. Dem wurde das Frühstück hinausgebracht. Die anderen Personen konnten nach dem Frühstück ein bissl plaudern oder sich ausruhen. Nach ein bissl Ruhen ging’s wieder los. Es wurde so eingeteilt, dass bis zum späten Mittag alles fertig war. Deshalb wurde so früh in der Nacht angefangen, damit am Nachmittag Zeit blieb für ein wenig Gemütlichkeit. Zum Mittagessen gab’s als Vorspeise eigenartigerweise eine große Schüssel voll Krautsalat. Ich nehme an, dass nach dieser Staubarbeit ein Bedürfnis danach bestanden hatte. Darauf gab’s nochmals Krapfen, Hasenöhrl oder ähnliches mit Kaffee oder Tee. Ein Gulasch gab’s seltener. Eine Besonderheit als Nachspeise beim Brecheln waren die Schnapsnudeln. Germteig wurde einen halben bis einen Zentimeter dick ausgewalkt, in bissgroße Nudeln geradelt und in Butterschmalz gebacken, ähnlich wie die Rumpelnudeln beim Almabtrieb. Erkaltet wurden sie mit Zucker bestreut und mit Schnaps übergossen. Weil diese Nudeln nicht portioniert wurden, sondern die Schüssel damit zur freien Entnahme für jeden hingestellt wurde, kam es auch vor, dass diese Nudeln hie und da jemanden zum Liegen gebracht haben, was aber nicht tragisch war, die Arbeit war ja schon getan. Die Arbeit wurde zu jener Zeit nicht nach Stunden bezahlt. Als Belohnung fürs Brecheln gab's einen Schirl- oder Brechelkrapfen. Das waren Krapfen mit ungefähr zwanzig bis fünfundzwanzig Zentimeter Durchmesser. Dazu wurde ein ganz guter Germteig genommen, schön rund ausgewalkt, in der Mitte drei oder viermal eingeradelt und in Butterschmalz in einer großen Rein gebacken. Bei dieser Größe ist das Backen eine heikle Arbeit, sie sind aber sehr gut zum Essen. Nach Geschmack wurden sie mehr oder weniger angezuckert. Ansonsten richtete sich diese, wie auch manch andere Arbeit, auf Gegenseitigkeit in der Nachbarschaft oder im Freundeskreis aus.

Es herrschte noch ein eigenartiger Brauch, welcher beim Brecheln auch gepflegt wurde, das „Bindengehen" oder „Brechelwoaz" austeilen. Wurde in der Nähe der Brechelhütte ein Fußgeher entdeckt, rannten die Frauen mit dem Büschel Flachs, welches sie gerade in der Hand hatten, nach, schwangen ihm das Büschel um den Hals und er bekam ein Halserl und ein Busserl. Anfangs wehrte sich jener, das half ihm aber meistens nichts, war er ja bei ein paar Frauen der Unterlegene oder wollte freiwillig der Unterlegene sein. War's ein besserer Herr, hielt er es für eine Ehre und zahlte dafür ein ansehnliches Trinkgeld. Das gleiche machten auch die Männer, wenn sie eine Frau entdeckten. Nur waren die Frauen mit dem Trinkgeld nicht so freigiebig. So kamen Personen, welche nicht so beglückt waren, auch zu einen Halserl und Busserl. Blieb am Nachmittag noch genug Zeit, ging's auch zu den Nachbarn mit dem Brechelwoaz. Zuerst liefen die Nachbarn brauchhalber davon, dann aber wurden die Brechler gut bewirtet und es wurde zusammen gesessen und man unterhielt sich fröhlich. Nachher ging es dann noch ins nahe gelegene Gasthaus, um das Trinkgeld zu verwerten, falls es eines gab. So war nun die Arbeit mit dem rohen Flachs abgeschlossen.

Der gebrechelte Flachs wurde am Dachboden bis zum Hacheln über zwei Stangen geschichtet. Diese Arbeit wurde mancherorts vom Weber oder ansonsten von einer hauseigenen Person durchgeführt. Meine Mutter beherrschte dies sehr gut. So musste ich diese Arbeit auch noch lernen. Eine Hachel war ein Brett mit kammähnlich rund oder rechteckig angeordneten Stahlspitzen, welche sehr glatt waren. Dieses Brett wurde auf einem Gerüst befestigt. Man stellt sich hinter das Gerüst und zog so Hand um Hand den Flachs durch die Hachel. Dieses Durchkämmen hatte den Sinn, die groben von der feinen Faser zu trennen. Eine zweite Person schüttelte mit einer so genannten hölzernen Schüttspindel die groben Faserwinkel, das war die „Rupfen", dabei fielen die letzten Ogen weg. Jeder Wickel wurde für sich zusammengedrückt und in einen Sack gesteckt. Die feine Faser, das war die „Reisten", wurde zu Zöpfen gedreht, die „Reistenriegel" genannt und bis zum Spinnen in einen Korb geschlichtet wurden. Aus der Rupfen wurde grobes, aus der Reisten feines Leinen.

Nun folgte die Spinnarbeit an den langen Abenden über den Winter. Untertags ohnehin und abends nach der Stallarbeit und dem Nachtmahl, wie es damals hieß, war außer samstags bis neun Uhr abends zu spinnen. Sonntags wurde überhaupt nicht gesponnen. Wenn Mutter bemerkte, dass uns beim Spinnen abends schon der Schlaf drückte oder uns langweilig wurde, fing sie an zu singen. Wir sangen dabei mehrere Volkslieder oder auch Kirchenlieder durch. Das machte uns wieder richtig wach. Radio hatten wir damals noch keinen.

Die Verarbeitung der feinen Faser, das „Reistenspinnen" war die Arbeit der Bäuerin. Die grobe Faser spannen wir Töchter und wo es Dienstmägde gab, spannen die Dienstmägde die Rupfen. Durch soviel Übung konnten die meisten Frauen wunderschön spinnen und waren dann stolz auf das schöne Leinen. Das Spinnen von Flachs hatte mir schon meine Großmutter beigebracht, als ich noch gar nicht zur Schule ging. Da war sie ganz stolz, wenn sie jemand zeigen konnte, dass das Dirndl schon spinnen konnte. Mich freute dies nicht besonders, warum, das weiß ich nicht. Nur erinnern kann ich mich noch gut daran. Wahrscheinlich hätte ich lieber etwas gespielt.

Gegen Mitte bis Ende März sollte die Spinnarbeit abgeschlossen sein. Die Strähne wurden dann gründlich mit einer schon ein paar Tage vorher in einem großen Holzbottich im Freien vorbereiteten Holzaschenlauge gewaschen. Die Asche schüttete man dabei in den

Bottich und goss kochendes Wasser darüber. Die Asche setzte sich dann langsam ab. Durch längeres Stehen wurde die Lauge ganz klar, nur obenauf schwammen ein paar Kohlenstückchen. Die Lauge wurde von der Asche vorsichtig abgeschöpft oder abgegossen und wegen der Kohlenstückchen durch ein Tuch geseiht. Diese ausgiebige Lauge gab man zum heißen Wasser. Nach öfterem gründlichen Schwemmen hängte oder fädelte man die Strähne auf eine Stange zum Trocknen.

Waren die Strähne trocken, wurden sie mit einer Pfundwaage gewogen. Die Hälfte wurde mittels eines Spulrads, eines größeren Spinnrads, auf große Spulen gedreht für die Kette. War dies alles vorbereitet, wurde der Störweber verständigt. Ein Webstuhl war wohl in jedem Betrieb vorhanden. Kompliziertere Teile zum Webstuhl waren Eigentum des Webers. Solche musste er überallhin mitnehmen. War mit dem Weber der Termin vereinbart worden, wurde in der großen Bauernstube alles vorbereitet und hergerichtet, was zum Weben benötigt wurde. Nun begann der Weber mit dem so genannten „Schwoafn". Das Spinngut wurde dabei von den Spulen auf einen ganz großen Haspel gewickelt, so oft, bis die Zahl der Fäden die richtige Leinenbreite erreichte. Dies errechnete der Weber nach der Stärke der Fäden. Die zweite Hälfte des Garns wurde mittels des Spulrades auf kleine Spulerl gedreht zum Einspannen in die Schützn zum Einschießn. Die kleinen Spulerl waren wieder Eigentum des Webers. Damit die Fäden beim Weben nicht ineinander hängen blieben, hat sie der Weber mit einer großen Bürste mit der Schlicht eingebürstet. Die Schlicht war eine dünnflüssige Mehlbrühe, um deren Zusammensetzung ich mich eigentlich nie gekümmert hatte. Nur an das Auswaschen der zwanzig bis fünfundzwanzig Meter langen Leinenstücke nach dem Weben kann ich mich noch gut erinnern. Das war eine der schwersten Frauenarbeiten. Nachfolgend wurde das Leinen einige Wochen lang gebleicht. Diese geschah durch Ausbreiten auf sauberem Rasen in der Sonne und durch Bespritzen mit kaltem Wasser. Durch abwechselndes Trocknen und erneutes Bespritzen wurde das Leinen wunderschön weiß. Auf diese Weise haben wir auch die weißen Sonntagshemden, Dirndlblusen und andere Wäschestücke, wenn sie vergilbt waren, ausgebleicht. Synthetische Bleichmittel gab's zu jener Zeit nicht oder sie wurden nicht angewendet. Immer wieder wurde die Natur genützt. Jeden Abend hatte man die Leinenstücke mit einer gewissen Technik so zusammengefaltet, so dass man sie am nächsten Morgen nur aufziehen brauchte. Über Nacht hätte man sich nicht getraut, Leinen und Wäsche im Freien zu lassen, da war man nicht sicher vor Diebstählen. Auch gewaschene Wäsche durfte man nicht über Nacht im Freien hängen lassen. Nur weniger wertvolle Wäsche und Kleidungsstücke ließ man über Nacht draußen. Wertvollere Wäsche, sofern sie am Waschtag nicht trocken wurde, musste abgenommen, locker in einen großen Korb gelegt und am nächsten Tag wieder aufgehängt werden. Meistens trocknete sie aber am gleichen Tag. Bei Regenwetter hängte man die Wäsche unter Dach auf.

Wäschewaschen

Als es noch lange keine Waschmaschine gab, wurde die Wäsche am Vortag des Waschtags eingeweicht, am Abend, meist nach der Stallarbeit, ausgewrungen und die besonders stark verschmutzten Stellen eingeseift. Die Seife wurde aus Schlachtabfällen und Speckschwarten mit Zusatz von Laugenstein in jedem Betrieb durch Kochen hergestellt. Zum Einwirken wurde die Wäsche mit Ausnahme der Buntwäsche zusammengefaltet in ein Schaffel gelegt und über Nacht stehen gelassen. Buntwäsche durfte man nicht nass in der Seife liegen lassen, da dabei die Gefahr des Ausfärbens bestand.

Am nächsten Tag, an dem der eigentliche Waschtag angesetzt war, fiel dem Vater ein, dass er in der Stadt so manches zu erledigen und einzukaufen hätte. Vater brauchte Materialien zum Schuhe machen. Da wir drei ältere Kinder zur landwirtschaftlichen Arbeit heranwuchsen, nutzte er als Schuhmachermeister jede Zeit zur Schuhmacherei. Weil Vater seine Schuhe eine gute Passform hatten, waren die Aufträge reichlich. Außerdem war es ein Zuerwerb. So wurde es nun mit dem Pferd zum Stadtfahren. Natürlich fuhr Mutter mit, hatte ja auch sie manches zu erledigen. So eine Ausfahrt nahm ja fast den ganzen Tag in Anspruch. Im Gegensatz zur heutigen Zeit, wo mit dem Auto täglich einige Male weggefahren wird, gab es damals bei so einer Ausfahrt mehreres zu erledigen, Nachzuholendes und nach Möglichkeit Voraussehbares. Meine zwei jüngeren Geschwister waren in der Schule, wir zwei, meine Schwester Rosa und ich, waren nun alleine zu Hause. So standen wir, die wir beide auch noch ziemlich jung waren, vorm großen Wäschebottich. Mit vollem Eifer beschlossen wir, der Mutter eine Freude zu bereiten. So eilten wir beim Waschen so schnell es nur ging, schwemmten und hängten die Wäsche auf zum Trocknen. Als Vater und Mutter heimkamen, waren wir fix und fertig. Gespannt warteten wir auf ein großes Lob. Doch statt dem Lob erlebten wir eine große Enttäuschung. Mutter kontrollierte alles und fand die meiste Wäsche zu schlecht gewaschen. Wir mussten mehrere Wäschestücke von der Wäscheleine nehmen und nochmals waschen. Das war eine gute Erziehung zum genauen und fleißigen Arbeiten. Meine Eltern vertrugen einfach kein Schlampigsein.

Wieder einmal hatten wir an einem Abend die Vorbereitungen für den Waschtag getroffen. Ziemlich spät abends kam ein Hausierer und bat ums Übernachten. Waren es vor dem Krieg sehr viele, gab es auch noch im Krieg welche, die von Haus zu Haus gingen und um Essen oder ums Übernachten bettelten. Vor dem Krieg waren es Arbeitslose, aber die wurden im Krieg ja ohnehin alle entweder zum Kriegs- oder Arbeitsdienst eingezogen. Was jener Mann war, welcher damals ums Übernachten bat, ist uns unklar geblieben. Es war ja gegen Kriegsende, wo eh schon alles tauglich war. War er doch schon zu alt oder sonst irgendwie untauglich oder war es ein Deserteur? Es hat niemand nachgefragt. Mutter war eine tiefgläubige Frau, sie hatte mit jedem Mitleid und schickte niemand fort, der um Essen oder ums Übernachten bat. So haben wir ihm in der großen Wohnstube ein Bett zurechtgerichtet. Die Wohnstube musste für allerhand herhalten. Sie war der einzige gut heizbare Raum bis zum Jahr 1945/46. Bis dahin hatten wir ja eine Rauchküche. Einmal war die Stube Werkstätte für den Weber, einmal für den Störschneider, dann kam wieder die Hobelbank für Tischlereiarbeiten. Mein Onkel Franzl hatte ein gutes Geschick für verschiedene Basteleien. Er hatte für uns neue Betten angefertigt, mit denen wir große Freude hatten. Vorher schliefen wir zu zweit in einem großen, breiten Strohbett. Schließlich war die Wohnstube auch noch Schuhmacherwerkstätte. Daneben saßen wir mit den Spinnrädern und haben im Winter gesponnen. Das Schaffl mit der Wäsche stand auch in der Stube. Besagter Mann, den wir gut bewirteten, hatte es in der Früh sehr eilig. Er stand auf, bedankte sich und war fort. Er hatte nicht einmal Zeit zum Frühstücken. Wie wir nachher erfahren haben, bat er bei einem Nachbarn um ein Frühstück.

Wie es bei der Handwäsche üblich war, wusch man zuerst die besseren und weniger schmutzigen Stücke aus der Lauge heraus, bevor man die schmutzigeren Stücke in die Lauge tauchte. So fiel uns gleich auf, dass meinem Bruder sein Sonntagshemd und damit das einzige Hemd, das noch nicht eingestückelt war, fehlte. Wir suchten die ganze Wäsche gründlich durch, fanden aber nichts mehr davon. Nun ging uns das Licht auf, warum dieser Mann keine Zeit hatte zum Frühstücken. An das hätten wir nicht gedacht, dass ein nasses, eingeseiftes Hemd vorm Dieb nicht sicher war. Voll Ärger zog sich meine Schwester sofort an und raste davon. Sie verfolgte ihn von Haus zu Haus so ungefähr sieben bis acht Kilometer weit, dann wurde sie von einer Bäuerin gewarnt. Diese sagte: „Tu das nicht, geh lieber zurück, der Weg geht durch den Wald, da könnte dir etwas Schlimmes passieren.“ Sie hatte soviel Mut gehabt, wenn sie ihn erwischt hätte, hätte sie ihm das Hemd weggerissen. So hatte sie aber dieser Bäuerin gehorcht und ist umgekehrt.

Gegen Ende der Kriegszeit musste man überhaupt mit jedem Kleidungsstück heil umgehen, da bekam man nicht einmal mehr mit der Punktekarte Stoffe. Zudem wurde auf Sonn- und Festtagskleider großer Wert gelegt. Besonders für Hochzeitskleidung wurde ein sehr hochwertiger Stoff verwendet. Meine Eltern haben ihre Hochzeitskleider ihr Leben lang als Festtagskleider getragen. So hochwertige Kleidung wurde zum Teil sogar weitervererbt an Verwandte oder auch als Entgelt für Krankenpflegehilfe verwendet.

Waldarbeit

Unser Wald war eine Gehstunde von zuhause weg, es führte ein Karrenweg bis zum unteren Ende. Der ganze Wald war nicht felsig, auch nicht extrem steil, also überall zugänglich. Wie schon erwähnt, ließen meine Eltern nichts ungenützt, es wurde auch im Wald alles aufgeräumt. Vater war überhaupt gerne im Wald, den ganzen Sommer über suchte er sich so manchen schönen Tag, wenn gerade keine Erntearbeit anfiel, für einen Waldgang und fand immer Arbeit.

Die Hauptarbeiten im Wald für uns alle waren von Mitte Mai bis Mitte Juni, wo dann die Heuernte anfing. Da war das so genannte „Streuhaken". Gemäß dem Bedarf an Brennholz wurden entsprechend viele Bäume umgeschnitten. Das feine Reisig wurde klein gehackt, zu einem viereckigen Haufen aufgeschlichtet und mit einem Bretterdach zugedeckt. Dieser Haufen blieb den Sommer über im Wald. Bis zum Herbst war diese Streu vollkommen ausgetrocknet und wurde dann heimgeführt, zur Einstreu für die Laufställe. Manche Bauern schworen auf diesen Waldstreumist. Er wurde verwendet zum Unterackern für den Getreideanbau. Ich kannte einen Besitzer, welcher für den Kartoffelacker unbedingt Waldstreumist brauchte. „Das hält den Boden locker", stellte er fest.

Alle umgerissenen Bäume und heruntergerissene Äste wurden entastet und ausgeputzt und abfuhrbereit zusammengeschlichtet. Die dazwischen liegenden Weideflächen wurden auch vom gröbsten Astlwerk befreit, da mussten im Frühjahr und Herbst die Jungtiere und im Sommer die Kühe weiden. Zu dieser Waldarbeit wurde in der Früh immer schon zeitlich aufgebrochen, über eine Stunde bergauf, heim zu waren wir schneller. Jeden Tag war einiges zum Mittragen, die Jause für Mittag und Nachmittag und genug Bekleidung, falls schlechtes Wetter eintraf. Hütte hatten wir da oben keine. Wenn Regen kam, suchten wir nur unter einer dichten Fichte Schutz, bei Dauerregen gingen wir heim. Bei kühlerem Wetter nahmen wir eine Kanne Kaffee mit und eine Pfanne mit drei Füssen. Wir machten ein Feuerchen und drüber erhitzten wir den Kaffee für Mittag. Ansonsten gab's nur zweimal eine kalte Jause. Die Zeiten für die Jause, die Vater genau einhielt, waren um elf und um vier Uhr nachmittags. Nach der Jause gönnte er sich und auch uns ein kleines Mittagsschläfchen. Ich weiß nicht warum, aber die Zeit bis elf Uhr zur Mittagsrast kam mir immer so unendlich lang vor. War es vielleicht, weil wir ab und zu spät schlafen gingen? Der Nachmittag verging schneller. Auf die Nachmittagsjause verzichtete ich immer, ich musste um vier Uhr heimgehen zur Melkarbeit und da hatte Mutter schon das Abendessen für alle vorbereitet. Das war mir viel lieber als eine zweite kalte Jause. Vater arbeitete mit meinen Geschwistern noch weiter bis achtzehn Uhr.

Brennholzrichten

Mein Vater legte immer Wert auf einen größeren Brennholzvorrat. Er sagte immer „Wenn man beim Heizen Holz sparen will muß es ganz ausgetrocknet sein". Feuchtes Holz glost nur und gibt keine Hitze. So hatten wir immer eine große Menge Brennholz zum Zerkleinern. Schon als Schulkinder mußten wir das Holzschneiden mit Zugsäge und Bogensäge erlernen. Weil Vater zwischendurch sein Handwerk ausübte blieb der Mutter nichts anderes übrig als auch bei dieser Arbeit mit uns Mädchen einzuspringen. Um mit dem Brennholzurichten bis Ostern fertig zu sein haben wir oft mehrere Stunden bei Mondschein Brennholz geschnitten. Nach Ostern begann die Anbauzeit.

Wie dann rundherum in der Nachbarschaft schon bei einigen Betrieben eine Kreissäge zum Brennholzschneiden im Einsatz war, wurde auch meinem Vater diese Arbeit zu langweilig. Er bat einen Nachbarn, er möge ihm einen Mann samt Kreissäge zur Verfügung stel-

Holzschneiden

len, Motor hätten wir selber. So war eine wochenlange händische Arbeit in einem guten halben Tag erledigt.

Holzkohleherstellung

Als kleines Kind kann ich mich auch noch erinnern, wie Großvater und Onkel Franzl mit Fichtenstämmen einen Kohlenmeiler zur Herstellung von Holzkohle aufgebaut hatten, welche dann auch in der Schmiede in einer Ecke gelagert wurde. Den Aufbau des Gerüstes kann ich nur nicht ganz genau beschreiben, es war so ein rechteckiges Bauwerk von circa einem bis eineinhalb Metern Breite mit einer Länge von ungefähr drei Metern, wie es mir noch so beiläufig im Kopf ist. Dieses Bauwerk wurde mit Erde zugeschüttet. Einige Schlitze zum Abziehen des Rauches wurden freigelassen. Wie das Anheizen vor sich ging, ist mir einfach nicht bekannt, nur kann ich mich gut erinnern, dass dieser Kohlenmeiler mehrere Tage rauchte und von Onkel Franz Tag und Nacht streng beobachtet wurde. Der Rauch musste grau aufsteigen, wenn der Rauch blau wurde, eilte er sofort und schüttete die Schlitze kleiner zu. Er sagte, wenn's blau raucht, brennt es zu viel und das Holz würde zu Asche verbrennen. Es durfte nur glosen. Wie lange genau dieser Meiler gloste und wie lange er auskühlen musste, ist mir wieder nicht bekannt, nur weiß ich genau, wie er abgebaut wurde. Es war ein ziemlich großer Haufen schön bröckelige Holzkohle. Großvater und Onkel freuten sich über das gelungene Werk und meinten, da haben wir jetzt mehrere Jahre Kohle für unsere Schmiedearbeit, für unseren Bedarf.

FREIZEIT, FEST- UND FEIERTAGE

Kindstaufen

Die vielen Feiern meiner Kinder und Enkelkinder, von Tauffeiern, Erstkommunionen, über Firmungen und schließlich Hochzeiten, die ich erleben durfte, sind nicht mit den Feiern während meiner Kindheit und Jugend zu vergleichen. Inzwischen hat sich viel geändert, auch in kirchlicher Hinsicht. Jetzt werden solche Feiern, vor allem Taufen, Erstkommunionen und Firmungen als Familienfeiern gestaltet. Die Ausnahme bildete in früherer Zeit ein Erstkommunionkind in der Familie, da feierte die ganze Familie mit der Pfarrgemeinde diesen hohen Festtag. Obwohl damals sehr große Ehrfurcht vor sämtlichen Sakramenten herrschte, wurde im Gegensatz zu den anderen Sakramenten die Taufe eines Kindes auf die einfachste Art begangen. Wegen der hohen Säuglingssterblichkeit war es die Hauptsache, das Kindlein war getauft, falls es sterben sollte. War ein Kind bei der Geburt sehr schwach oder kam eine Krankheit dazu, zum Beispiel eine schwere Gelbsucht oder sonstiges, war die Medizin noch nicht so weit, dass hundertprozentig geholfen werden konnte. Konnte eine Mutter nicht stillen, so war das sehr problematisch. Es war üblich, dass, wenn ein Kind zur Welt kam, es am gleichen Tag zur Taufe getragen wurde. Wurde es am Abend geboren, musste es am nächsten Tag gleich in der Früh zur Taufe. Angemeldet brauchte eine Taufe beim Priester gar nicht vorher werden. Waren ja fast in jeder Pfarre zwei Priester, ein Herr Pfarrer und ein Kaplan, da war fast immer einer zur Stelle.

Bei meinem jüngeren Bruder, er war vierzehn Jahre jünger als ich, da durfte oder musste ich mit dem Paten mitgehen, um abwechselnd tragen zu helfen. Es war ganz schön anstrengend, ein eingepacktes Baby eine Stunde weit zur Kirche und wieder eine Stunde heimzu bergauf zu tragen. In den seltensten Fällen wurde ein Pferd eingespannt.

Eine weitere Begebenheit bei einer Taufe war schwerwiegender. Ich war zwischen acht und neun Jahre alt. Meine Großeltern nahmen eine Cousine meiner Mutter, welche ihr zweites Kind erwartete und mit zwei Kindern auf ihrer Dienststelle nimmer bleiben konnte, in die Wohnung auf. Später musste sie in der Landwirtschaft mithelfen, weil meine Eltern die Hochzeit vorhatten. Der Kindsvater von Mutters Cousine war ein Forstarbeiter, ein Holzknecht, hat es früher geheißen. Zur Zeit der Geburt des zweiten Kindes und auch kurze Zeit nachher war die Freundschaft noch aufrecht, später aber heiratete er eine andere Frau. Mutters Cousine, Liesl hat sie geheißen, lernte auch wieder einen anderen jungen Mann kennen, einen Hoferben, und hatte mit ihm auch zwei Kinder. Dann musste dieser einrücken und ist bald darauf gefallen. So hatte sie vier Kinder, drei Söhne und eine Tochter, aber keinen Mann. So ging es mehreren Frauen aus der Kriegsgeneration. Zum Glück konnte die Tochter dann einen Schmied heiraten, mit dem sie ein Haus baute, wo Liesl schließlich ein Daheim gefunden hatte.

Nun kam für Liesl der Tag der Entbindung. Welche Frau aus der Nachbarschaft geholt wurde, weiß ich einfach nimmer. Wir Kinder wurden von so einem Ereignis ferngehalten. Sicher ist Großvater mit uns irgendwo hingewandert. Mir ist nur bekannt, dass es Sommer war. Auch weiß ich ganz genau, dass Großmutter und Mutter wie auch ich, als ich erwachsen war, zur Geburtshilfe nie in der Lage waren. Ich erinnere mich nur, dass sich Liesl mit einer Frau abgesprochen gehabt hatte, welche ihr bei der Geburt beistand. Jedenfalls war es, wie damals üblich, keine Hebamme. Ist alles gut vorbeigegangen, wurde gleich die Patin verständigt. Diese kam, als noch die Geburtshelferin, die ohnehin länger bei einer Wöchnerin blieb, da war. Der Bub, welcher den Namen Bernhard bekam, wurde gewickelt und für die Taufe hergerichtet. Damit die Patin nicht ganz alleine war, musste ich als Kind mitgehen. Das Kind tragen konnte ich nicht, dazu war ich noch zu klein, aber ihre Tasche konnte ich nehmen.

Eine Taufe fand damals nur in der ganz warmen Jahreszeit in der Kirche statt. Bei kälteren Temperaturen wurde im Pfarrhof in einem warmen Zimmer getauft. Das Taufwasser und die Öle wurden von der Kirche geholt, dazu wurde der Messner beauftragt, welcher auch bei der Taufe anwesend war und Kerzen anzündete und erledigte, was halt noch so zu tun war. Priester, Messner, Taufpatin, Täufling und ich, das waren die gesamten teilhabenden Personen bei der Taufe meines Bruders sowie auch bei der Taufe vom kleinen Bernhard. Dass Eltern bei der Taufe ihres Kindes dabei waren und auch Geschwister oder andere verwandte Personen, wie es jetzt gepflegt wird, war damals eine Seltenheit und eigentlich überhaupt nicht üblich.

Der Mesner erhielt von der Patin ein wenig Trinkgeld, auch der Priester bekam ein kleines Opfer. Nach Gesundheits- und Segenswünschen vom Priester für den Täufling verabschiedeten wir uns. Als wir von der Kirche weggingen durch den Ort, fing uns die dort wohnende, zuständige Hebamme ab. Ganz zornig und erbost nahm sie der Patin das Kind aus den Händen und ging mit ihm in ihre Wohnung, wir hinten nach. Sie drohte mit einer Anzeige. Die Patin war geschockt, ich erschreckt. Dort wickelte sie das Kind aus und kontrollierte es. Dann wickelte sie das Kindl wieder und wir konnten gehen. Wird nicht soviel falsch gewesen sein, den aus der Anzeige wurde nichts. Mir ist nur noch in Erinnerung, dass, als wir heimkamen, das Kindl zum Trockenlegen ausgewickelt wurde. Da herrschte großes Entsetzen darüber, dass es von der Hebamme viel zu fest gewickelt worden war.

Firmung

In meiner Kindheit wurden alle Kinder schon mit zehn Jahren gefirmt. Weil ich und meine Schwester Rosa nur um anderthalb Jahre auseinander waren, wurden wir, „weil es unter einem ging", wie gesagt wurde, mitsammen zur Firmung angemeldet, wodurch meine Schwester erst neun Jahre alt war. Als Patin wurde die Frau von meinem Onkel Lorenz gewählt. Sie war gerne bereit und freute sich sehr, Patin zu sein.

Zu meiner Kinderzeit fanden die Firmungen nur in den größeren Städten regelmäßig statt, in den kleineren Pfarren hingegen nur alle zehn Jahre. Da mein Onkel mit seiner Frau in Gusterheim bei Pöls zu Hause war, entschloss sich unsere zukünftige Patin, mit uns zur Firmung nach Knittelfeld zu fahren. Wir freuten uns natürlich, denn eine weitere Firmungsfahrt war damals großgeschrieben und gehörte sozusagen zum Firmungsgeschenk. Bus- und Bahnfahrten waren für Kinder eine Seltenheit. Weil uns die Patin gern ein wenig modern gekleidet haben wollte, erklärte sie sich bereit, uns die Firmungskleidchen zu kaufen. Fertige Kleider zu kaufen, war zu dieser Zeit nicht üblich. Größtenteils wurden zur Erstkommunion wie auch zur Firmung die weißen Kleider getragen. Die Patin kaufte für uns einen schönen Wasch-Seidenstoff samt Zubehör. Auch kannte sie eine Näherin in Fohnsdorf, wo sie die Kleidchen nähen lassen wollte. Wegen der weiten Entfernung und weil ein unnötiges Ausbleiben von der Schule vermieden werden sollte, war es für uns sehr schwierig, zum Maßnehmen hinzukommen. So gab unsere Mutter der Patin unsere Sonntagskleidchen mit zum Maßnehmen. Unsere Firmpatin fuhr sehr gerne mit dem Fahrrad und so fuhr sie auch diesmal von ihrem Zuhause zur Näherin. Bevor sie die Näherin aufsuchte, hatte sie noch etwas einzukaufen. Das Fahrrad lehnte sie neben der Eingangstür zum Geschäft ab und als sie vom Geschäft zurückkam, war das Paket mit unseren Kleidchen vom Gepäckträger verschwunden. So waren wir unsere Sonntagskleidchen los. Wir haben dafür wohl hübsche Firmungskleider bekommen, doch um unsere rosa karierten Kleidchen war uns schon lange sehr leid, sie hatten uns gut gepasst. Ich habe sie noch gut im Gedächtnis. Mit dem Maßnehmen wurde auch nichts. Die Kleidchen wurden dann nach unserem Alter angefertigt. Sie haben zum Glück gut gepasst.

Schon am Tag vor der Firmung fuhr unser Großvater mit uns nach Gusterheim, dort wohnten nämlich seine Schwester und sein Schwager, wo er dann auch schlief. Wir übernachteten nebenan bei unserem Onkel und der Patin. Wir legten zwei Stunden zu Fuß zum Postbus zurück, der uns bis zur Bahnstation Scheifling brachte. Dann ging es mit dem Personenzug bis zur Station Thalheim und von dort wieder gut eine Dreiviertelstunde zu Fuß zum Gehöft unseres Onkels. Vom Firmungstag selbst ist mir nicht viel in Erinnerung geblieben. Ich weiß jedenfalls noch, dass wir zeitlich in der Früh mit dem Bus nach Knittelfeld fuhren. Es wird meiner Schwester auch nicht besser ergangen sein. Mit neun oder zehn Jahren ist man einfach zu jung. Damals war es halt so.

Zuerst kauft uns die Patin bei einem Standl Firmabzeichen und für jede ein Firmungsgebetsbücherl. Am besten im Kopf ist mir von diesem Tag die Menschenmenge geblieben. Die Patin stellte sich mit uns zur langen Schlange von Paten, Patinnen und Firmlingen. Lange mussten wir stehen, bis wir in die Kirche konnten. Ich weiß nicht mehr, ob wir zum Gottesdienst und zur Predigt in der Kirche Platz gefunden hatten oder erst anschließend zur eigentlichen Firmung, als schon wieder ein Teil der Menschen aus der Kirche gezogen war. An den Akt der Firmung von Herrn Bischof Dr. Ferdinand Pawlikowski erinnere ich mich aber noch. Hätten wir nicht vorher in der Schule von unserem Herrn Pfarrer einen ordentlichen Unterricht genossen, ich glaub, ich hätte nicht gewusst, um was es ginge. Bei unserem Katecheten, Herrn Josef Radl, war es so, dass der, der nicht alle Fragen zur Erstkommunion und Firmung perfekt wusste und konnte, gar nicht antreten durfte.

Ich kann mich sogar an die Erstkommunion besser erinnern, obwohl ich dabei jünger war.

Erstkommunion und Firmung erlebte ich noch vor dem nationalsozialistischen Regime.

Ein außergewöhnliches Erlebnis, war es für uns doch eine Seltenheit, war das Mittagessen im Gasthaus nach der Firmung. Obwohl wir eine Zeit lang warten mussten, haben wir das gute Essen so richtig genossen. Unsere Patin tat alles, um uns diesen Tag so schön wie möglich erleben zu lassen. Herzlichen Dank, liebe Pepi, über das Grab hinaus ein „Vergelt's Gott".

Hochzeiten

Zu den größten Unterhaltungen zählten wohl die Hochzeiten. Zu den großen Hochzeiten gehörten natürlich in erster Linie das Brautpaar, neben den Trauzeugen, „Beistände" genannt, Brautführer und Brautmutter, zwei Junger und zwei Kranzljungfrauen. Brautführer und Brautmutter organisierten die ganze Hochzeitsgesellschaft ebenso wie den Kircheneinzug und -auszug. Die Brautmutter hat nichts mit der Mutter der Braut zu tun. Für diese Aufgabe wurde eine geeignete Person gesucht, meistens die Tauf- oder die Firmpatin. Die Junger hatten dann am Abend die Tanzunterhaltung zu überwachen und wurden dabei von den Kranzljungfrauen unterstützt. Abends kamen oft viele Mitfeiernde und Tanzlustige zu den Hochzeiten, so dass die Tanzböden die Menge nicht fassen konnten. Auch das war dann den Jungern ihre Aufgabe, einmal die eine Hälfte, dann die andere Hälfte tanzen zu lassen. Wegen dieser Anordnung entstanden halt auch gelegentlich Reibereien, da sich manche benachteiligt fühlten. Um Mitternacht fand der Brauttanz mit der Übergabe der Braut vom Brautführer oder vom Trauzeugen an den Bräutigam statt.

Eine ganz unangenehme Einführung, welche gleich nach dem Krieg abgeschafft worden war, war das „Spielleutzahlen". Die Spielleute, meistens drei, selten vier Mann, waren ohnehin bescheiden, doch ganz ohne Entgelt musizieren konnten sie dann doch auch nicht. Sie hatten ein Tischchen mit der Kasse in der Lade. Das Tanzpaar, welches am nähesten bei ihnen war, wenn das Spielstück endete, war dran zum Spielleutzahlen. Das übernahm der Tänzer, die Frauen brauchten nichts zu zahlen. Da kam es immer wieder vor, dass sich Zahlungsunwillige drückten und wenn das Stück sich dem Ende zuneigte, nicht in der Nähe der Musiker vorbeitanzten. In solchen Fällen hatten die Musiker ein Auge drauf, rissen das Spiel, wenn so ein Zahlungsunwilliger vorbeitanzte, mitten drin ab und holten ihn zum Zahlen. Willige, welche sich als Drücker geschämt hätten und ohnehin zum Zahlen bereit waren, brauchten sie nicht zu holen.

Dieser Brauch wurde dann wie gesagt abgeschafft, bei den Hochzeiten übernahmen die Brautleute oder deren Verwandte die Bezahlung der Spielleute. Bei anderen Tanzveranstaltungen wurde nun ein Eintritt eingehoben und so blieb es bis heute.

Die Hochzeit meiner Eltern fand am 2. Februar 1937 statt und fiel zugleich auf den Tag der goldenen Hochzeit meiner Großeltern väterlicherseits. Ich war zehn Jahre alt, meine Schwester Rosa achteinhalb und mein Bruder Michael siebeneinhalb Jahre. Für uns alle begann eine sehr turbulente Zeit.

Meine Mutter zog zum Vater, welcher Schuhmachermeister war und eine kleine Werkstätte mit zwei Gesellen hatte. Zu diesem Betrieb gehörte eine kleine Landwirtschaft mit zwei Kühen, einigen Schafen

2. Februar 1937:
Goldener Hochzeitstag meiner Großeltern, Hochzeit meiner Eltern

und ein paar Schweinen und Hühnern. Damit war ein Teil der benötigten Hauptnahrungsmittel gedeckt. Auch ein wenig Brot- und Futtergetreide, Kartoffeln, Rüben, Kraut und Gemüse wurden angebaut. Mehl und sonstiges wurde aus dem Erlös der Schuhmacherei zugekauft.

Die landwirtschaftlichen Flächen grenzten an die Wiesen meines Geburtsanwesens, also lag Mutters neues Daheim in unmittelbarer Nähe. Wir zwei Mädchen blieben nach der Hochzeit bei den Großeltern zurück, Bruder Michael kam zu den Eltern, mit der Absicht, dass er einmal das Schuhmacherhandwerk erlernen sollte. Daraus wurde nichts. Michael hatte einfach keine Freude dazu.

Meine Mutter wollte auf keinen Fall eine große Hochzeit. Schon wegen ihrer Bescheidenheit und Einfachheit, wahrscheinlich auch aus finanziellen Gründen. Sie musste ja sehr lange auf ihre kranke Mutter schauen. Fast zwei Jahre war diese schon im Bett, hatte sich

Mein Vater anlässlich seiner Gesellenprüfung als Schuhmacher
(hintere Reihe 1. v. links)

aber wieder erholt und lebte danach noch achtzehn Jahre. Dann kamen wir drei ledige Kinder. Wie es damals war, wurden die heranwachsenden Kinder in jedem Betrieb dringend zum Arbeiten gebraucht. Da gab es keinen Lohn, schon gar keinen Stundenlohn. Vater konnte für uns ledige Kinder auch nicht so viel zahlen. Heiraten konnte er so lange nicht, da ja auch noch Geschwister im Haus waren. Obwohl das Schuhmachergeschäft sehr gut ging, er hatte ja aufgrund der ausgezeichneten Maßarbeit massenhaft Aufträge, so hat es doch nicht soviel abgeworfen, dass er hätte reich werden können. Bei voller Handarbeit musste es gut gehen, dass ein Mann an einem Tag zwei Paar neue Schuhe fertig gebracht hat.

So, und nun waren dem Vater seine Eltern, also meine Großeltern, fünfzig Jahre verheiratet. Die Freude war bei aller Verwandtschaft groß, zumal meine Großeltern noch in ziemlicher körperlicher und geistiger Frische waren. Mein Großvater väterlicherseits lernte meine Großmutter väterlicherseits auf einem großen Kirchtag in der Bezirkshauptstadt kennen. Vom ganzen Bezirk und weit über die Bezirksgrenzen hinaus kamen und kommen auch heute die Menschen am 6. November, dem Tag des hl. Leonhard, zu diesem Fest. Die meisten Teilnehmer machten vorher eine Wallfahrt zur Leonhardikirche, welche auf einem Hügel oberhalb der Stadt steht. Der übrige Tag wurde auf dem Markt so richtig genossen. Dieser Tag wurde auch den Dienstboten freigegeben. Großmutter war in einem Gasthaus im Dienst. Der Wohnsitz der beiden war für die damalige Zeit sehr weit voneinander entfernt, heute mit der Straße wäre das ja kein Problem mehr. Sie hatte zwei ledige Kinder, den Hansl (Johann) und den Roman. Diese zwei Kinder hatte sie auf Pflegeplätzen und dem Heiratsanwärter, meinem Großvater, verschwiegen. Wie schnell sie nach dem Kennenlernen geheiratet haben, das weiß ich nicht. So passierte es, dass das erste Kind aus der Ehe nochmals auf den Namen Johann getauft wurde. So hatte sie zwei Söhne mit dem Namen Johann. Wie lange sie diese zwei Buben geheim gehalten hat und ob dies in der Ehe Auswirkungen hatte, darüber kann ich nichts schreiben. Mir ist nur bekannt, dass öfter darüber geschmunzelt wurde. Der ledige Sohn Roman und der eheliche Sohn Hansl sind im Ersten Weltkrieg gefallen. Für diese beiden gefallenen

Söhne bekam sie eine kleine Rente. Meine Großmutter väterlicherseits konnte weder lesen noch schreiben. Wohl aber konnte sie mit weit über achtzig Jahren noch ohne Brillen auch dünne Nadeln einfädeln. Ansonsten hab ich von ihr nicht viele Erinnerungen, außer dass sie einen guten Häferlsterz kochte mit viel heißer, selbsterzeugter Butter und einen guten Erdäpfelschmarrn mit Eiern. Diese Speisen schmeckten herrlich. Wir Kinder hatten von ihr sehr viel Respekt.

Vater hatte drei Schwestern und zwei Brüder. Zwei seiner Brüder waren, wie bereits erwähnt, im Ersten Weltkrieg gefallen. Die drei Schwestern hatten nach und nach geheiratet. Der ältere Halbbruder hatte sich schon in sehr jungen Jahren nach Graz abgesetzt und fand dort Arbeit bei der Österreichischen Bundesbahn. Wir alle hatten immer Freude, wenn er auf Besuch kam. Daheim wohnte nur noch Vaters jüngerer Bruder, er zog aber wegen Platzmangel auch bald weg. Philipp, so hieß er, freute sich so sehr über seine Eltern, dass er die gesamte Organisation für eine größere, „goldene" Hochzeitsfeier übernahm. So wurde nun eine Doppelhochzeit beschlossen, die Hochzeit meiner Eltern und die goldene Hochzeit meiner Großeltern. Der Hochzeitstag war besagter 2. Februar 1937, ein herrlicher, kalter Wintertag, soviel kann ich mich noch erinnern, der für mich nicht zuletzt auch mit meinem schönsten Erlebnis einer Pferdekutschenfahrt verbunden bleibt. Früher waren die Pferdekutschenzüge bei den Hochzeiten einmalig schön, vor allem im Winter. Kutschen und Pferde wurden mit weißen und grünen Bändern geschmückt. Als Geläute wurde den Pferden im Winter ein Schellenkranz mit feinen, zarten Glöcklein um den Hals gehängt oder ein Metallbogen mit ein paar Glöckchen, dem Engelsgeläute, am Pferdegeschirr befestigt. Diese zarten Geläute wurden ausschließlich für festliche Ausfahrten verwendet.

Wie viele Pferdegespanne es bei so einer Hochzeit waren, ist mir einfach nicht mehr in Erinnerung. Wenn ich aber die Personen auf dem Hochzeitsfoto zähle (s. S. 157), dazu die Kutscher, welche die Pferde betreuten und nicht auf dem Foto sind, müssten es ungefähr fünfzehn bis zwanzig Gespanne gewesen sein. Kutschen und Pferde waren mit weißen, roten und grünen Bändern geschmückt. Weil für diese Fahrt vom Berg bis in den Ort zur Kirche der weitere, weniger steile Weg gewählt wurde, ging die Fahrt ungefähr über sechs Kilometer. Das war ein herrlicher Anblick, der viele Schaulustige angelockt hatte. Natürlich fehlte auch an ein paar Stellen eine Maut nicht. Dies machte aber die Pferde sehr unruhig.

In der Früh, vor dem Wegfahren, hatten mein jüngerer Onkel Lorenz und sein Cousin, welche mit dem ein wenig rebellisch veranlagten Heimpferd fahren mussten, diesem auf Zuckerstückchen Schnaps gefüttert, damit es recht lustig traben sollte. Das hat aber dazu geführt, dass sie das Pferd die ganze Strecke fast nicht bändigen konnten. Pferde gab es ja damals in unserem Gebiet sehr viele und bei so einem festlichen Ereignis freute sich die ganze Nachbarschaft, man kann sagen, die ganze Umgebung.

Sterbefälle und Begräbnisse

Meine Eltern wurden öfters gebeten, bei Sterbefällen in der engeren oder weiteren Nachbarschaft mitzuhelfen. Mutter ging sehr gerne selber. Auch ich wurde ein paar Mal eingeteilt. Solche Hilfsdienste waren grundsätzlich ehrenamtlich, es war sogar eine Ehre zu helfen. So habe ich einmal von den Angehörigen als Anerkennung ein Kleid von der Verstorbenen bekommen. Weil es mir zu groß war, habe ich es aufgetrennt, Mutter hatte dazu einen passenden Stoffrest kombiniert und so bekam ich wieder ein Kleid, welches ich sogar eine Zeit lang zum Kirchengehen anzog. So und ähnlich haben wir uns im Krieg über die Runden gebracht.

Ein weiterer Brauch, welcher in meiner Kinderzeit bei einem Sterbefall in einer Familie stattfand, war das Strohabziehen. Von meinem Geburtshaus aus hatten wir eine schöne, weite Aussicht rundherum. Sahen wir bei einem Betrieb in der Nähe des Hauses ein Feuer brennen und rauchen und die Leute rundherum stehen, wussten wir, dass jemand in der Familie oder ein Dienstbote gestorben war. Das Stroh vom Bett, in dem der Mensch gestorben war, sowie die Füllung des Polsters wurden verbrannt. Dazu stellten sich die Hausleute rundherum auf und beteten für den Verstorbenen. Seine Bettwäsche wurde gründlich gewaschen und gereinigt.

Es wurden damals noch alle Verstorbenen zu Hause aufgebahrt. Im Markt war nur eine ganz kleine, primitive Totenkammer neben der Kirche, wo nur die allerwenigsten Ärmsten aufgebahrt wurden. Weil es eine Schande war, wenn es geheißen hat, diese oder dieser sei im Totenkammerl aufgebahrt, wurde alles daran gesetzt, damit ein Mensch in dem Haus, in dem er gestorben war, auch aufgebahrt wurde. Dies galt auch für die Einleger.

Auch bei den Begräbnissen wurden die Leichentruhe und die Kränze mit einem Pferdegespann transportiert. Kränze gab es damals nicht so viele, nur ein paar von den ganz engsten Angehörigen. Den Pferden wurden schwarze Bänder an die Halfter gebunden.

Hier erinnere ich mich an das Begräbnis meines Großvaters väterlicherseits. Die Eltern meines Vaters wurden trotz ihres einfachen, arbeitsreichen und bescheidenen Lebens beide weit über achtzig Jahre alt, was damals eine Seltenheit war. Das Begräbnis fand Anfang Februar 1946 statt. In diesem Jahr war ein ausgesprochen schneereicher Winter. Es wehte einige Tage hindurch so stark der Wind, dass alle Wege und Steige verweht waren. Damals gab es keine Schneeräumgeräte, es musste alles händisch mit Schaufeln freigeschaufelt werden. Ein Tischler, welcher Leichentruhen anfertigte, war ungefähr fünf Kilometer weit entfernt. So war es unmöglich, schnell eine Truhe heimzubringen. Zum Glück war ein Nachbar mit handwerklichem Geschick bereit, eine solche anzufertigen. Als der Begräbnistag kam und der heftige Sturm noch immer nicht aufgehört hatte, beauftragte der damalige Bürgermeister einige Männer mit dem Ausschaufeln des Weges, dass man mit dem Pferdegespann fahren konnte. So sehr sich diese Männer bemühten, ein Teilstück von dieser Wegstrecke war so zugeweht, dass trotz des Ausschaufelns noch ein paar Männer den Schlitten und die Truhe halten mussten, damit nicht beides umstürzte. Wir Menschen vom gesamten Leichenzug konnten nur einzeln der Pferdespur nachstampfen.

Österliches Weihkorbtragen

In meiner Kindheit, da war die Auferstehungsfeier in unserer Pfarrkirche am Karsamstag um vier Uhr nachmittags. Alles, was ein bissl gehen konnte, auch die Kinder und sogar viele Kleinkinder wurden mitgenommen, alles natürlich zu Fuß. Vor der Auferstehungsfeier gab es das Stundbeten. Jeder kleine Ortsteil war eingeteilt, den ganzen Tag über eine Stunde beim Grab vor dem ausgesetzten Allerheiligsten, der Monstranz, den Rosenkranz zu beten. Unser Ortsteil, die Hintere Pöllau war für zwei bis drei Uhr nachmittags eingeteilt. Weil wir eine ganze Gehstunde von der Kirche weg zuhause waren, hieß es um ein Uhr weggehen. Bis alle wieder heimkamen, war der ganze Nachmittag vorbei.

War das Weihkorb tragen früher reine Frauensache, so ist es jetzt auch zu den Männern übersiedelt. Bei den größeren Betrieben, wo viele Dienstboten waren, gab es große Weihkörbe, damit alle genug zu essen bekamen. Bis zu einer Stunde und noch ein bissl mehr brauchte man für den Weg zur Kirche, wo die Fleischweihe stattfand. Da kann man sich vorstellen, welch schwere Aufgabe es für die „Kuchldirn“ war, einen so großen Korb bergab zur Kirche und dann wieder bergauf heim zu tragen. Da brauchte sie von der Kuhdirn, den Hausstärksten oder eventuell von der Felddirn Unterstützung zum Abwechseln beim Tragen.

Betriebe mit weniger Leuten oder überhaupt Familienbetriebe, so wie bei meinem Geburtshaus, hatten ja nicht so große Weihkörbe. Wir hatten meist einen Handkorb.

Da das Weihkorbtragen besonders für Dienstmägde eine große Ehre darstellte, haben sich manche dazu sogar neue, festliche Kleider angeschafft. Weil auf dem Heimweg von der Kirche hin und wieder so viele Leute unterwegs waren, schritten die Weihkorbträgerinnen mit den größten Körben schon ganz schön stolz dahin. Natürlich hatten sie die Körbe auf dem Kopf. Wie's halt schon sein mag, konnte es auch manchmal zu einem Missgeschick kommen. Je nach Jahreszeit und Wetter waren die Wege entweder trocken oder nass und rutschig. Ich habe es nicht miterlebt, ich weiß es nur vom Erzählen von meinem Onkel. Die Weihkörbe waren mit dafür bestimmten schönen, meist weißen Tüchern zugebunden. Da passierte es einer Weihkorbträgerin, dass sie ausrutschte und den Korb nicht mehr halten konnte. Der Korb fiel ihr zu Boden und heraus rollte ein Brotlaib. Zu ihrem Missgeschick musste sie noch in Kauf nehmen, dass die Leute, welche gerade in der Nähe waren, in Gelächter ausbrachen. Auch nachher wurde immer noch davon gesprochen. Weil manche stolz waren über einen großen Weihkorb, haben sie neben Brot, Fleisch, Würsten, Kren und Eier obenauf ein Polsterl gegeben und zugebunden. Sicherlich hat der Korb dann schön voll ausgeschaut. Dies haben meine Großeltern und meine Mutter nie mögen. Wir wurden zur Bescheidenheit und Natürlichkeit erzogen. Darüber bin ich in meinem hohen Alter glücklich und danke meinen Eltern und Großeltern sehr!

„Geschlossene Zeiten“- Advent und Weihnachten

In der Weihnachtszeit dekorierte man den Herrgottswinkel, wo dann das Weihnachtskripperl aufgestellt wurde, mit Tannenzweigen. In unseren an der Sonnseite gelegenen Wäldern gab es nirgends Tannen, es gab ausschließlich Fichten und Lärchen, wobei es gegenüber an der Schattseite Tannen zur Genüge gab. Tannen verlieren die Nadeln nicht so schnell wie Fichten. Der Totengräber Pfeifenberger, von dem ich ganz am Anfang schon erzählt habe, durfte im Schattwald Tannenreisig sammeln und so kam er vor Weihnachten mit einem vollen Buckelkorb vorbei. In unserem Gebiet wurden ihm wohl in jedem Haus einige Zweige abgenommen. Dafür bekam er ein wenig Geld oder Naturalien.

Im Allgemeinen war die Adventzeit eine ruhige Zeit. Die Unterhaltungen wurden mit dem Kathreinstag eingestellt. „Kathrein stellt den Tanz ein“, hat es geheißen. Von Kathrein bis zum Sonntag nach Dreikönig, der auch Kletzenbrotsonntag hieß, gab es keine einzige öffentliche Tanzunterhaltung. Advent und Fastenzeit waren geschlossene Zeiten, die streng und genau eingehalten wurden. Hierzu gehörten auch noch die Sommermonate von Christi Himmelfahrt bis Michaeli Ende September, wo auch keine öffentlichen Tänze veranstaltet wurden. Als später dann einmal mein Bruder heimkam und sagte, „gestern Abend haben sie beim Neuwirt getanzt“, hat sich mein Vater, weil Advent war, so sehr geärgert und aufgeregt, dass er einen Herzanfall bekommen hat und sich niederlegen musste. Solche Zeiten der Enthaltung von Lustbarkeiten hatten auch einen guten Sinn. Es waren dann die Unterhaltungen, wenn sie auch im Vergleich zu heute ganz einfach waren, doppelt so lustig.

Vor Weihnachten war es ganz groß Brauch, dass das ganze Haus vom Dachboden bis in den Keller, jeder Winkel, jedes Mauerl, jede Stellage und alles abgestaubt wurde. Der Dachboden wurde sauber ausgekehrt. In den Wohnräumen waren zu dieser Zeit noch alles Holzböden, die mit der Bürste gerieben werden mussten. Es gab auch keine Plastikeimer, ja überhaupt kein Plastikgeschirr, großteils gab es Holzschaffl und -küberl. Diese, sowie der Brotbacktrog, das Brotknetbrett, die Butterkübel, obwohl ohnehin immer sauber gewaschen, mussten vor Weihnachten zusätzlich noch gründlicher mit Sodalauge gerieben und abgespült werden. Auch das Essbesteck und das Kochgeschirr wurden auf Hochglanz gebracht. Wir kannten damals noch kein rostfreies Essbesteck. Den ersten rostfreien Löffel schickte mir mein Onkel, als er im Zweiten Weltkrieg eingerückt war, als Geschenk. Wo er in her hatte, hab ich ihn nicht gefragt, er war in Deutschland bei der Fliegerabwehr eingerückt. Diesen Löffel hab ich beim Heiraten mitgenommen und besitze ihn heute noch.

Kein Radio und kein Fernsehen gab's in meiner Kindheit und Jugendzeit. Wir hatten nicht einmal ein Grammofon. Wohl aber haben wir sehr viel gesungen. Mutter sang eine Zeit lang, als wir noch nicht auf der Welt waren, im Kirchenchor mit. Deswegen glaube ich, hat sie uns zum Singen so motiviert. Es war auch schön und lustig und dabei wurde uns nicht langweilig.

Am allermeisten gesungen hat Mutter mit uns wohl in der Adventzeit, als Vorbereitung auf Weihnachten. Die alten, schönen Weihnachtslieder sind mir heute noch im Kopf. Am üblichsten in der Adventzeit war das „Rorate gehen". Ungefähr zweimal in der Woche, dann jeden zweiten Tag und in der letzten Woche vor Weihnachten wurde fast jeden Tag ein Familienmitglied zur Roratemesse geschickt. Die Roratemesse war um sechs Uhr, da hieß es um fünf Uhr aufbrechen. Die ganze Wegstrecke war stockfinster, außer es schien der Mond, dazu war es oft schon sehr kalt und eisig. Doch wir waren allem gewachsen.

Dazu fällt mir ein heiteres Ereignis von meiner Schwester ein. Wie ich schon erwähnt habe, gab es im Ort und in der nahe gelegenen

Stadt Familien, welche gerne alte, gesunde Suppenhühner kauften. So wurde meine Mutter von einer Frau vom Ort um eine Suppenhenne gefragt. Mutter packte die Henne in einen Korb und band ein Tuch drüber. Dies war absolut keine Quälerei, denn am Boden des Korbes gab man ein wenig Stroh und das darüber gebundene Tuch ließ hinreichend genug Luft durch. Es bestand auch keine Beengung, da der Korb groß genug war. Alle Hennen, auch die jungen Hähnchen, welche gekauft oder verkauft wurden, wurden auf solche Weise transportiert. Meine Schwester musste den Korb beim Rorate gehen mitnehmen. Wie die Menschen verschieden sind, so sind es auch die Tiere. Dieser Henne passte das nicht und so schrie sie die ganze Wegstrecke von einer Stunde lang, was sie aus der Kehle brachte. „Krah, krah, krah", in einem fort. Meine Schwester schämte sich gewaltig, aber was konnte sie anderes machen, als so schnell wie möglich zu gehen, damit sie geschwind an Ort und Stelle kam. Nach der Roratemesse traf meine Schwester eine Frau aus der Nachbarschaft, welche meinte: „Gehen wir mitsammen heim!" „Ja", sagte meine Schwester, „nur vorher muss ich einen Korb vom Hennetragen abholen. Hat eh so grauslich geschrien, dieses Viech." Die Nachbarsfrau machte einen Seufzer: „Jetzt weiß ich, was das war, ich hab mich schon angefangen zu fürchten. Ich konnte gehen so schnell ich wollte, das Geschrei war immer gleich weit hinter mir." Die Nachbarsfrau war ein Stück weiter vorn. Meine Schwester fing immer schneller an zu gehen, weil sie sich so sehr schämte und die Frau ging immer schneller, weil es ihr unheimlich wurde. Meine Schwester lachte darüber herzlich, sie war ohnehin veranlagt, ab und zu jemand ein bisschen hineinzulegen oder einen kleinen Streich zu spielen.

Damit wir zu Weihnachten frisches Fleisch hatten, musste noch schnell geschlachtet werden. Weil es die kälteste Jahreszeit war, hatte man es gewagt, einen ganzen Schlegel vom Schwein in die Kematen zu hängen. Dies war ein großer, ganz dunkler Vorratsraum, der nur einige kleine, unverglaste Fensterln mit Vogel- und Fliegengitter besaß. Hier war am Plafond der „Fleischmantel" angebracht. Da wurden das Selchfleisch und auch der Schlegel aufgehängt. Der Fleischmantel war so gebaut, dass es für die Mäuse unmöglich war, ans Fleisch heranzukommen. In diesem Raum hing auch die

„Brotrebm“ und zwar ebenfalls am Plafond, so dass keine Maus zum Brot konnte. Weiters stand noch eine große Truhe für Butterschmalz und Schweinefett darin, eine Mehltruhe und eine Truhe, in der die Produkte zum Seifensieden gesammelt wurden.

In den letzten Tagen vor Weihnachten gehörte das Kletzenbrotbacken zu den aufwendigeren Arbeiten. Viele Laibe wurden gebacken. Weil wir einen Birnbaum mit Birnen hatten, welche sich gut trockenen ließen, hatten wir reichlich Kletzen zur Verfügung. Dazu wurden Zibeben, Weinbeeren, Nüsse und Orangenzelten (Arancini) gekauft. Wo Dienstboten waren, bekam zu Weihnachten jeder Dienstbote als Aufbesserung einen Laib Kletzenbrot und einen kleineren Laib Woaza geschenkt. Weil die Dienstboten gegenseitig konkurrierten, kauften sich viele die Sachen für die Fülle zum Kletzenbrot selbst. Da griffen sie außerturlich tiefer in die Tasche. Die Sachen für die Fülle richteten sich die Mägde selbst zusammen. Zu den Zibeben, Rosinen, Weinbeeren, Nüssen, Pignoli und Orangenzelten wurden noch Gewürze, Zucker und Rum oder Schnaps gemischt. Daraus wurde dann ein riesengroßer, schwerer Kletzenbrotlaib.

Männer hielten weniger auf eigene Kletzenbrotlaibe. Sie holten sich das Kletzebrot beim so genannten „Bisnan“. Für die Frauen war es eine Ehre, den Besuchern ein gutes Kletzenbrot zu einem Stamperl Schnaps aufzutischen, allen voran den „Liebesbesuchen“.

Auf den Heiligen Abend, obwohl ohne irgendwelche Geschenke, freuten wir Kinder uns sehr.
Der Vormittag war ein strenger Fast- und Abbruchstag. Es gab an diesen Tag kein Fleisch. Jene Person oder auch mehrere, welche in der Nacht von der Mette daheim blieben, gingen schon am Vormittag zum Gottesdienst. Die Daheimgebliebenen erledigten die Arbeiten, wie das Futterherrichten im Stall. Den Tieren wurde viel und frisch eingestreut und es wurde alles vorgerichtet, was sich vorrichten ließ. Im Haus wurde schnell zusammengeräumt, gekocht und ein wenig früher als sonst Mittag gegessen. Zu Mittag gab's irgendeinen Salat als Vorspeise und dann Apfelstrudel mit Milch. Am Nachmittag wurde nicht mehr gearbeitet. Ein jeder konnte sich diesen Nachmittag selbst einteilen, Festtagskleider bügeln, sich gründlich waschen und

umziehen. Gewaschen hat man sich in einem Schaffl und zum Baden mussten wir vom Keller einen großen Holzbottich, welcher auch zum Wäschewaschen gebraucht wurde, holen. Das war sehr umständlich. Eine Badewanne hatten wir nicht.

Das ganze Haus war frisch geputzt, mit Tannenreisig geschmückt und es war warm eingeheizt. Ja, es war eine heimelige Atmosphäre. Wir Kinder waren sehr aufgeregt und konnten es kaum erwarten, bis das Kripperl vom Dachboden geholt wurde. Es war ein altes Kirchenkripperl aus Holz, der Stall mit der Krippe und dem Kindlein, Maria, Josef, Ochs, Esel und den Hirten mit den Schafen und Lämmern. Über dem Stall befand sich ein kunstvoll gestaltetes Gebirge, wo eine Gämse oben stand. Die drei Könige mit Elefant, den Kamelen und dem Gefolge konnten zu Dreikönig dazugestellt werden. Es waren außergewöhnlich viele Figuren, die uns Kinder so sehr imponierten. In der Ecke der Wohnstube unter dem Herrgottswinkel wurde die Krippe aufgestellt und mit Tannenreisig dekoriert. Auf dem Tisch wurde ein Leuchter mit Kerzen zum Rosenkranzbeten aufgestellt. Mit dem offenen Licht wurde bei meinem Daheim immer sehr sorgsam umgegangen.

Zur Jause am Nachmittag des heiligen Abends wurde das Kletzenbrot angeschnitten. Dazu gab es Butter und einen guten Tee. Vorher gab's kein Kletzenbrot. Nach der Jause wurde schnell die Stallarbeit verrichtet, dann ging's zum Rauchen. Der Hausherr ging mit Glut in einer Pfanne, worauf man geweihte Palmzweige vom Palmsonntag, getrockneten Speik, Weihrauch und Myrrhe legte, durch den ganzen Hof und rauchte kurz in jeden Raum. Wir Kinder begleiteten ihn und sprengten rund herum Weihwasser. Inzwischen wurde auch in der Küche alles fertig gemacht, denn um sieben Uhr musste alles zum Rosenkranzbeten bereit sein. Großvaters Pünktlichkeit habe ich noch gut in Erinnerung. Es war alles sehr schön.

Drei Rosenkränze wurden gebetet und danach die Litanei vom göttlichen Kinde Jesu. Dazu wurden auf dem Tisch Kerzen angezündet. Ich kann mich nicht erinnern, dass mir diese Stunde beim Rosenkranzgebet zu lang war. Wir waren so gerührt vom Geburtstag Christi. Schlief eines von uns Kindern beim Beten ein, wurde es auf der Ofenbank niedergebettet. Nach dem Rosenkranzbeten sangen wir „Stille Nacht“ und noch andere Weihnachtslieder.

Nachher gab's zum Essen noch „Woaza“ mit einer guten Honig-Mohnfülle, dazu Kaffee, den es sonst selten gab. Nach dem Essen setzten wir uns noch einmal zur Krippe hin und einer las Heiligengeschichten aus einem ganz alten Buch vor. Dieses Buch war mindestens fünfzehn Zentimeter dick und hatte einen Holzeinband. Diese alte Schrift war schwer zu lesen, doch wenn man sich bemühte, ging's. Dieses Buch wurde auch öfters geholt zum Lesen bei einer Totenwache, so wie es damals üblich war. Ganz schlicht und einfach, ohne Geschenke, ohne jeden Prunk und Aufwand und doch so rührend war für uns Kinder die Einstimmung auf das Geburtsfest Christi. Das erste Christbäumchen lernte ich kennen, als ich so acht oder neun Jahre alt war. Onkel Franz brachte uns ein Bäumchen, schmückte es und hing es an der Decke über dem Tisch auf. Was sonst noch alles darauf war, ist mir nicht mehr so bekannt, am besten sind mir noch die kleinen, rot glänzenden Apferl in Erinnerung, welche er vom Herrn Pfarrer bekommen hatte.

Die Zeit bis zum Mettengehen war so eine weniger angenehme Zwischenzeit. Punkt Mitternacht fand in unserer Pfarrkirche die Christmette statt, eine halbe Stunde vorher das Turmblasen. Um halb elf was es zum Weggehen. So legten wir uns halt auf den Bänken ein wenig hin, denn zum ins Bett gehen zahlte es sich nicht aus. Beim Mettengehen, wenn kein Mond schien, wurde in eine kleine Laterne eine Kerze gesteckt und angezündet. Der Vordermann trug die Laterne und dieses Licht reichte für einige Personen. Weil ja alles, was so halbwegs gute Füße hatte, von der Mette nicht fernbleiben wollte, gesellte sich auf diesem Kirchweg gleich ein Schöckerl Menschen zusammen. So wie auch zu Besuchen, Wallfahrten und dergleichen, wurde ich auch schon sehr früh zum Mettengehen mitgenommen. Ich weiß nur, dass ich noch bei weitem nicht zur Schule ging. Wie wir so bergab dahinschritten, rutschte ich mit einem Fuß aus und mein Onkel sagte: „Jetzt wärst bald hergefallen“. „Nein“, sagte ich, „ich hab nur den Haxn ausgestreckt.“ Da haben alle laut gelacht. Mir ging es lange nicht ein, warum darüber gelacht wurde. Oft hab ich darüber nachgedacht, ich hab das Herfallen nicht wahrhaben wollen, deswegen wurde gelacht.

Eine weitere Christnacht, welche ich noch gut in Erinnerung habe, war eine zu jener Zeit, als wir schon alle erwachsen und Mutter nicht mehr am gesündesten war. Es schneite den ganzen heiligen Abend und dazu fing es an zu stürmen und zu wehen. Mit einen Wort, ein fürchterliches Wetter. Wir hofften zwar, dass sich der Sturm bis zum Mettengehen legen würde, was aber nicht der Fall war. So entschlossen wir uns, diesmal zu Hause zu bleiben. Mutter war über unseren Entschluss sehr traurig und sagte: „Wenn ihr nicht geht, dann zieh ich mich an und geh allein.“ Das konnten wir weder verantworten noch ihr zumuten. So rafften wir uns auf, zogen uns schnell an und gingen los. Bis zum Knie tief im Schnee wateten wir hintereinander dahin. Zum Steigtreten wechselten wir uns ab, da ja der Spur nachzugehen schon etwas leichter war. In dieser Nacht waren weitaus nicht so viele Menschen unterwegs wie in einer wettergünstigen Christnacht, nur einige wenige Wetterharte. Die Zeit über, während wir in der Kirche waren, hat's die Spur wieder zugeweht. So mussten wir neuerdings Steigtreten und das bergauf, dazu brauchten wir die doppelte Zeit oder noch länger.

Das Haushüten in der Christnacht war ausnahmslos Vater seine Aufgabe. Da er allein zuhause war, richtete er immer sein Jagdgewehr her. In ganz früheren Zeiten ist's schon vorgekommen, dass in den Berggegenden in der Christnacht, wo die Leute einige Stunden unterwegs zum Kirchgang waren, in Häuser eingebrochen und diese ausgeraubt wurden. Wenn so etwas jemand gewagt hätte, hätte Vater sicher einen Schreckschuss abgefeuert.

Der Christtag, das Hochfest der Geburt Christi, verlief im Allgemeinen ganz ruhig. Nach dem Kirchgang ging's heim zum Mittagessen, was natürlich an diesem Hohen Festtag ein wenig länger dauerte. Der Nachmittag war zum Ausruhen daheim in der Familie.

Der zweite Festtag, der Stefanitag, war schon etwas turbulenter. Nach dem Kirchgang war es an diesem Tag zum Einkehren in ein Gasthaus, zur Kontaktpflege und zur Unterhaltung. Man aß etwas später zu Mittag, der Nachmittag wurde ganz verschieden genutzt. Es wurden Besuche unternommen oder Besuche erwartet, Karten gespielt oder, wenn ein schöner Schnee war, wurden die Pferde zum

Stefaniritt eingespannt. Diese Ausfahrten mit den Pferden machten durchaus Sinn. Wenn die Pferde vor Weihnachten jeden Tag zum Fuhrwerken eingespannt wurden und dann plötzlich einige Tage im Stall stehen mussten, tat ihnen das gar nicht gut. So konnte es passieren, dass ihnen die Füße anschwollen. Deshalb wurde in einen Schlitten eingespannt und irgendwohin auf Besuch gefahren oder auch nur eine Rundfahrt gemacht. Jedenfalls war das auch für die Pferde ein Vergnügen.

Am Tag nach dem Stefanitag ist das Fest des heiligen Johannes und da durfte der Johanneswein nicht fehlen. Eine oder auch mehrere Personen wurden zum Gottesdienst geschickt, bei dem der Wein geweiht wurde. In meiner Kinderzeit wurde von daheim eine Flasche mitgenommen, höchstens ein halber Liter, die man bei einem Wirt anfüllen ließ und so in die Kirche zur Weihe mitnahm. Dies änderte sich nach und nach. Gegen Ende des Krieges bekam man überhaupt keinen Wein mehr, da musste dies unterbleiben. Nach dem Krieg, als alles wieder anfing sich zu normalisieren, kaufte man im Geschäft eine verschlossene Flasche Wein zum Weihen. Diesen Brauch gibt es auch heute noch. Am Abend bekam jeder, die Kinder in stark verdünnter Form, die Erwachsenen pur, einen Schluck zum Anstoßen auf die Gesundheit. Die Weinweihe ist auf die Legende des heiligen Johannes zurückzuführen, in der erzählt wird, dass dieser von seinen Feinden hätte ermordet werden sollen. Dazu stellten sie ihm einen vergifteten Wein zum Trinken hin. Johannes machte das Kreuz drüber, sprach das Segensgebet und trank den Wein. Er schadete ihm in keiner Weise. Zum Gedenken an dieses Wunder wird die Weinweihe gepflegt.

Der Unschuldige Kindertag oder „Bisnan-Tag“, wie er bei uns genannt wird, galt hauptsächlich den Kindern. Auf den Kirchgang folgte die anschließende Kripperlfeier und am Nachmittag ging's zum „Bisnan“. Einige Kinder gesellten sich zusammen und mit Ruten in den Händen gingen sie von Haus zu Haus, klopften den Leuten mit den Ruten auf den Rücken und sprachen dazu den Gesundheitswunsch:

Frisch und g'sund, frisch und g'sund,
lang leben und g'sund bleibm,
nix klunsn und nix klogn,
bis i nächstes Jahr wieda kimm schlogn!

Dafür bekamen die Kinder ein bisschen Geld oder irgendwelche Süßigkeiten. Meine Geschwister und ich, wir gingen nie Bisnan. Meine Eltern sahen das nicht gern. Sie sagten, das sei fast eine Bettlerei und so drängten wir auch nicht darauf. Das Bisnan praktizierten aber nicht nur die Kinder sondern auch die Erwachsenen. Hauptsächlich Männer praktizierten diesen Brauch, nicht aber um Geld zu sammeln, sondern eher eines Besuches wegen. Es ging hauptsächlich ums Plaudern und Unterhalten. Kletzenbrot und Weißbrot mit viel Rosinen, Reindling also, wurde aufgetischt, dazu ein Stamperl Schnaps oder ein guter, kräftiger Tee.

Selbst an Werktagen zwischen Heiligabend und Neujahr wurden keine größeren Arbeiten aufgenommen. Für die Frauen galt es, die Wäsche zu waschen und das Haus auf Neujahr wieder aufs Gründlichste zu putzen. Es hieß, der Schmutz vom alten Jahr muss ausgeräumt werden. Für die Mannsbilder fiel nicht viel Arbeit an, außer was halt so im Stall zu tätigen war, wie Futter und Streu herrichten. Ansonsten waren das hauptsächlich für die Dienstboten freie Tage.

Der Silvestertag war der so genannte „Wandertag". Nicht wegen so genannter Fußmärsche, sondern weil an diesem Tag manche Dienstboten ihren Dienstplatz wechselten. So hieß es eben, „dieser oder diese tut heuer wandern". Solche mussten aber schon im Herbst kündigen oder wurden gekündigt. So war es üblich. Es gab auch Ausnahmen, wo kurzfristig gekündigt wurde. Jene, die wechseln wollten, mussten sich rechtzeitig um einen anderen Platz umsehen oder, was bei recht fleißigen und tüchtigen Personen auch vorkam, dass sie von Besitzern gefragt wurden: „Möchtest vielleicht einmal zu mir kommen?" Da war dann auch eine Lohnfrage dahinter. So wie überall gab's auch bei den Dienstboten verschiedene Einstellungen. Manche waren sehr wanderlustig und wechselten oft ihren Dienstplatz, andere dagegen blieben jahrelang, sogar oft ihr ganzes Leben am gleichen Platz. Für eine derartige Treue wurden solche Menschen dann von einem guten Dienstgeber zu den Familienmitgliedern gezählt und konnten auf diesem Platz ihren Lebensabend verbringen.

Die wandernden Dienstboten wurden von den neuen Dienstgebern mit einem Pferdegespann abgeholt. Die Frauen verstauten ihre Habseligkeiten in einen Kasten, die Männer in einer Truhe, das war ihr ganzer Besitz. Ausnahmen waren ganz sparsame Frauen, welche keine Kinder hatten und Männer, welche keine Alimente zahlen brauchten. Solche gab es aber nur ganz wenige. Diese konnten sich ein Sparbüchl leisten.

Am Vorabend von Dreikönig sowie am Vorabend von Neujahr wurde abermals geraucht. Am Dreikönigsabend wurde die Haustür mit den Buchstaben K + M + B + und der jeweiligen Jahreszahl beschriftet. Ursprünglich war man der Meinung, diese Buchstaben waren die Anfangsbuchstaben der Namen der heiligen drei Könige, sie haben aber eine andere Bedeutung. Dreikönigssinger kamen in früheren Zeiten nur ganz selten in unser Gebiet. Sie sammelten die ihnen entgegengebrachten Gaben für sich selber. Die Sternsingeraktion der Jungschar für die Mission wurde erst später eingeführt. Der Gottesdienstbesuch am Dreikönigstag war für alle eine Selbstverständlichkeit. Der Nachmittag wurde, wie auch die Wochentage zwischen den Feiertagen, vielfach zu Besuchen und dem Empfang von Besuch genutzt. War das Wetter sehr stürmisch und winterlich, wurde Karten gespielt.

Mit dem Sonntag nach Dreikönig endete die geschlossene Zeit und das so genannte „Bisnan gehen“. Erst nach diesem Sonntag fingen die Tanzunterhaltungen an. Verständlich, dass nach so langer Pause das Tanzen doppelt so lustig war. Da war damals der Faschingsbeginn, nicht, wie jetzt behauptet wird, der 11. November.

Bälle gab es zu früheren Zeiten bei uns am Land überhaupt nicht. Soweit ich mich als Kind erinnern kann, wurde vor dem Zweiten Weltkrieg nur vom Feuerwehrball gesprochen, ich wusste aber lange nicht, was ein Ball war. Fragen traute man sich als Kind nicht immer, denn es hieß ja so oft, „das brauchst du nicht wissen“. So unterließ ich das Fragen und ich verließ mich ganz unscheinbar aufs Er-

Bei der am 24. Juni 1936 erfolgten Einweihung des neuen Gipfelkreuzes auf dem 2474 Meter hohen Greim entstand dieses Foto. Ich war damals ein neunjähriges Mädchen. (Kreise: Ich und mein späterer Mann Franz)

Damals wurde das Gebiet um den Greim häufig von sehr schweren Hagelschäden heimgesucht. Das war so arg, dass dann teilweise eine Hungersnot herrschte. Deswegen gab der damalige Pfarrer Josef Radl im Jahr 1929 den Anstoß dazu, auf dem Gipfel ein erstes, einfaches Gipfelkreuz aufzustellen. Von da an gab es nie mehr ein so schweres Hagelwetter. Seither pilgert jedes Jahr am 24. Juni, dem Fest des heiligen Johannes des Täufers, eine Gruppe wetterfester Personen auf den Gipfel und hält hier eine Andacht, in der um die Abwendung schwerer Gewitter und eine gute Ernte gebetet wird.

lauschen. So zum Beispiel erlauschte ich schon frühzeitig das Wissen über Mann und Frau und deren Vorgänge und dies großteils von meiner Großmutter, während wir oft mit ihr unterwegs waren und sie mit ihren Freundinnen so dahin plauderte.

Feiertage

Zu den sogenannten „Bauernfeiertagen", von denen es das Jahr über mehrere gab, gehörte der Lichtmesstag am 2. Februar, Maria Verkündigung am 25. März, der 1. Mai und der Florianitag am 4. Mai. Im Sommer, wenn die Heuernte fertig eingebracht war, wurden der Jakobitag am 25. Juli und der Annatag am 26. Juli zum Feiern freigegeben. Diese Tage wurden zum Almgehen genutzt. War die Heuernte noch nicht fertig, dann war es halt zum Arbeiten. Dann gab es den Johannistag am 24. Juni, an dem es zum Wetterbeten war. Da pilgerten die Menschen auf den 2474 Meter hohen „Greimspitz", wie der Gipfel unseres Hausbergs genannt wird.

In aller Früh wurde von zwei Kapellen weg eine Strecke gebetet, weiter eine Strecke bergauf marschiert, dann wurde zusammen gewartet und wieder eine Strecke gebetet bis zur großen Fichte, wo eine Leonharditafel angebracht war, ja heute noch ist. Der Vorbeter hielt eine kurze Andacht und nach der Andacht, falls es das Wetter erlaubte, begann der Aufstieg. Ältere Menschen und manche, die nicht so gut bei Fuß waren, kamen nur bis zur Hälfte oder gar nicht so weit und machten es sich an so mancher Stelle gemütlich oder kehrten gleich in der Halterhütte ein. Jetzt gibt es am Fuße des Berges eine Gaststätte, was zu meiner Kinder und Jugendzeit noch nicht so war.

Am Gipfel wurde zusammengewartet und nach einer ausgiebigen Rast und einer kräftigen Jause wurde beim Gipfelkreuz eine Andacht „um Gedeihen der Feldfrüchte und zur Abwendung böser Gewitter" gehalten. Gelegentlich nahm auch ein Priester daran teil.

So wurde dieser Tag allen Personen freigegeben, welche bei dieser Almprozession mitfeierten. Dieses Greim-Beten, wenn auch nicht mit so einer großen Menschenmenge wie damals, wird heute noch gepflegt.

Weitere Bauernfeiertage waren noch Maria Geburt am 8. September und auch die hohen Festtage wie Christi Himmelfahrt, Fronleichnam, Maria Himmelfahrt, und Maria Empfängnis. Diese Festtage wurden immer sehr streng gefeiert. Dann gab es noch einige Kirtage in den Nachbargemeinden, welche den Dienstboten freigegeben wurden. Diese Tage wurden verschieden genutzt. Manche besuchten diese Märkte, Frauen nützten diese Tage zum Ausbessern ihrer Kleider, es gab sogar Männer, welche ihre dicken Loden und Lederhosen selber flickten. Jüngere trafen sich auf der Kegelstatt. Eine solche gab's in jeder Ortschaft. Beim Wirt in unserer Gemeinde gab es auch eine größere, die teils unter Dach war.

Unterhaltungsmöglichkeiten gab's zu früheren Zeiten auch viele und sehr schöne. Wenn ich an die langen Fußmärsche denke, wo geredet, gelacht und auch geblödelt wurde, da kamen uns die weiten Wegstrecken gar nicht lang vor.

Hofrechtaufmachen

In der Faschingszeit gab es zahlreiche Bauerntanzl. Wo eine große Wohnstube war, kamen die Leute zusammen. Dies redete sich schnell herum, ein Harmonikaspieler oder, wenn's grad war, ein Hackbrettspieler dazu und schon wurde getanzt.

Was früher vielfach gepflegt wurde, um zu Geburtstagen oder zu Namenstagen zu gratulieren, war das „Hofrechtaufmachen". In erster Linie wurde der Hausherr oder Hausvater, manchmal auch die Hausmutter geehrt. Zum Hofrechtaufmachen, das in meiner Jugendzeit nur zu Namenstagen gepflegt wurde, gab es zwei Varianten: Entweder es wurde mit dem zum Gratulierenden abgesprochen, so dass dieser auch mitbestimmte, wer dazu eingeladen wurde, etwa die Verwandten, Nachbarn und Menschen, mit denen man innigere Freundschaft pflegte.

Oder diejenige Person wurde heimlich mit der Gratulation überrascht, was aber für die Angehörigen durchaus nicht einfach war. Das ganze Vorbereiten für die Feier musste im Verborgenen geschehen, ahnte jener aber trotzdem vom Vorhaben, so kam es oft vor, dass sich der oder die zu Beglückende, kurz bevor sich die geladenen

Gäste eintrafen, irgendwo im Haus oder im Stall versteckte. Da war es dann zum Suchen, bevor der Reim-Sager mit der Zeremonie beginnen konnte. Meistens hatte jener oder jene schon ein Gefühl und kam dann selber aus dem Versteck hervor. Das Verstecken gehörte sozusagen auch zum Brauchtum. Die Feier begann, wenn's dunkel oder gar schon finster war. Der Reim-Sager klopfte mit folgenden Worten laut an die Tür:

Ihr Herren und Damen, lasst Euch sagen,
der Hammer hat schon (bspw.) Acht geschlagen.
Gebt Acht aufs Feuer und das Liacht,
damit Euch kein Unglück g'schiacht.

Dann wird von den Musikanten ein Stück aufgespielt. Unter Abwechslung von einem Musikstück, fuhr der Reim-Sager mit dem Reimsagen fort. Nach diesem Akt wurden die Musikanten und alle Gäste in die Stube gebeten. Es gab ja in den alten Bauernhäusern überall eine große Wohnstube mit einem großen Tisch, an zwei Wandseiten entlang Bänke und auch beim Kachelofen herum eine breite Bank. Zum Sitzen an den zwei bankfreien Seiten beim Tisch standen zwei Stühle. Sessel gab es damals nur ganz wenige.

Beim Eintreten der Gäste wurde der Namenstagfeiernde gleich mit einem herzlichen Händedruck, Gesundheits-, Glück- und Segenswünschen von jedem Einzelnen bedacht. So große Geschenke wie jetzt waren damals nicht üblich. Es gab nur vereinzelt Kleinigkeiten. Auch die Bewirtung der Gäste war nicht so aufwendig sondern einfach, jedoch reichlich und gut. So gab es zum Beispiel einen Aufschnitt aus gebratenem, gekochtem Fleisch, Wurst mit gekochten, geviertelten Eiern und geriebenen Kren drüber. Wenn kein frisches Fleisch zur Verfügung war, wurde einfach ein guter Speck aufgeschnitten, bergartig auf einem großen Teller angerichtet und mit einem Körbchen aufgeschnittenen Brot in die Mitte auf den Tisch gestellt. Rundherum wurden die Gabeln zum Essen aufgelegt. Hatten nicht alle Gäste auf einmal zum Essen bei Tisch Platz, wurden, wenn die ersten mit dem Essen fertig waren, die Gabeln eingesammelt, abgewaschen, abgetrocknet und wieder auf den Tisch gebracht. So konnte dann die nächste Gruppe essen und trinken. Wenn es sonst nie in den Bauernhäusern Bier gab, wurde zu so einem Anlass ein Fassl Bier heimgeholt. Waren die Gäste fürs Erste gesättigt, wurden die Stühle und der Tisch aus der Stube getragen, damit genug Platz war zum Tanzen. Entweder es spielte ein Mann mit einer Harmonika, oder sie waren manchmal zu dritt mit Harmonika, Hackbrett und Klarinette. Diese Gruppe spielte viele Jahre zu solchen kleinen Unterhaltungen und war mit einem bescheidenen Entgelt zufrieden. Es ging einfach nur ums Zusammenkommen und Unterhalten. So wurde nach Herzenslust getanzt, bis weit über Mitternacht und manchmal bis in die frühen Morgenstunden.

Damit niemand hungern brauchte, wurde zu späterer Stunde mit viel Rosinen und Zimt beziehungsweise mit Mohn gefülltes Weißbrot oder gute Krapfen, manchmal auch beides, angeboten. Weil der Tisch des Tanzens wegen weggeräumt war, wurde einfach herum gereicht und jeder konnte sich nach Bedarf nehmen. Jene, die beim Tanzen müde wurden, setzten sich auf die Bänke entlang der Wand zum kurzen Ausruhen.

Kuchen und Torten konnten damals nicht in größeren Mengen gebacken werden, dies hätte zu viel Zucker in Anspruch genommen und dieser war unmittelbar nach dem Krieg und auch noch etwas länger darüber hinaus auf der Lebensmittelkarte kontingentiert. Ich weiß nur nicht mehr, wie viel eine Person im Monat an Zucker zugeteilt bekam. Ich weiß nur, dass es sehr wenig war, denn wir haben Zuckerrüben angebaut und aus diesen haben wir einen Zuckerrübensirup zum Süßen von Speisen hergestellt. Verständlich, dass solche Speisen gekocht und gebacken wurden, welche nicht soviel Zucker brauchten.

Überhaupt dauerte es schon eine Zeit lang, bis nach sechs Kriegsjahren die schönen Bräuche so nach und nach wieder ins Leben gerufen wurden. In den sechs Kriegsjahren waren sämtliche Unterhaltungen verboten. Die Leute waren auch gar nicht aufgelegt zum Lustigsein. Es waren nur ganz wenige Familien, von denen kein Angehöriger an der Front stand, um dessen Leben man Tag und Nacht bangte. So wurden zum Beispiel mein Vater, mein Onkel und mehrere Männer, Nachbarn in unserer engeren Umgebung sowie sämtliche noch halbwegs Taugliche, welche schon im Ersten Weltkrieg eingerückt gewesen waren, bei Kriegsausbruch sofort zum Polenfeldzug einberufen und dann an die Westfront überstellt. Diese ältere, schon im Ersten Weltkrieg ausgebildete Generation musste nach kurzer militärischer Übungsphase sogleich an die Front. Die Soldaten dieser Generation wurden nach einiger Zeit von den jungen, neu Ausgebildeten abgelöst. Nach und nach konnten sie dann je nach Alter abrüsten, die ältesten zuerst.

Freizeitbeschäftigungen

In der ersten Hälfte meiner Schulzeit hatten nur einige Buben Schi. Erst mit der Zeit bekamen mehrere Buben nach und nach Schi, bei den Mädchen dauerte es noch länger. Anfangs waren es nur einfache Holzschi ohne Kanten. Mein Bruder Michael sowie ich und meine Schwester Rosa besaßen nie welche. Meine jüngere Schwester Anna bekam dann in der Schule vom Lehrer Leihschi und konnte das Schifahren in der Schule einigermaßen erlernen. Als sie die Schi dann einmal mit nach Hause brachte, schimpfte die Mutter und am nächsten Tag musste sie die Schi in die Schule zurückbringen und durfte sie nie wieder mitbringen. Mutter sagte: „Du gehörst ins Haus hinein zur Strickerei“. Mir tat meine Schwester so richtig leid. Ja, so ändern sich die Zeiten.

Mutter meinte es ja nicht schlecht, sie hatte es ja auch nicht anders gelernt. Es zählte einfach nur die Arbeit. Arg war es, wenn Besuch kam, was nicht so selten wie jetzt war, und die Frauen und Mädchen ohne Arbeit in den Händen hergesessen sind. Da wurden sie fast als faul abgestempelt. Angefangene Strickereien waren zu jeder Zeit griffbereit. Alles, angefangen von Jackerln, Pullover, Strümpfe und Socken wurde händisch gestrickt. Wir strickten sogar Kleider. Beim Kühe hüten, wenn's nicht regnete, beim Kühe treiben, immer wurde gestrickt. Meine Mutter konnte, wie schon erwähnt, das Tragen auf dem Kopf sehr gut, da schritt sie dahin und strickte dabei. Diese Kunst habe ich nie erlernt und wollte es auch gar nicht. Sogar in den Warteräumen vom Arzt oder Zahnarzt hatten Frauen eine Strickerei mit, bei einer Bahnfahrt sowieso. Im Gegensatz zu den Frauen setzten sich die Männer zu einem Besuch oder zu den Besuchern und unterhielten sich nach Herzenslust. Obwohl alles zu Fuß zum Gehen war, wurden vielmehr gegenseitige Besuche gepflegt als jetzt. Das war schön und wir freuten uns über jeden Besuch.

Ganz groß war das Zusammenkommen zum Kartenspielen. Da waren gewisse Männer aus der Nachbarschaft, die einmal da und einmal dort zum Spielen zusammenkamen. Viel gespielt wurde bei uns, wenn mein Onkel Hansl aus Graz auf einige Tage, manchmal sogar auf Wochen zu uns kam. Er war pensionierter Eisenbahner und gern auf dem Lande. Seine Frau war Grazerin und blieb lieber in der Stadt.

Eine Art von Kartenspielen mit Namen „Pefranzen" wird heute auch noch als einer der wenigen alten Bräuche gleich gepflegt. Es ist ein sehr lustiges, reines Unterhaltungsspiel und nicht teuer. Das Spiel wird zu dritt gespielt, ist aber auch auf vier Personen erweiterbar. In diesem Fall ist immer ein Spieler in einer Runde der Stock. Also wenn Onkel Hansl bei uns war, wurden halt ein paar Nachbarn eingeladen. Üblich war, dass am späten Vormittag, egal ob am Sonntag, hauptsächlich aber wochentags, mit dem Spielen angefangen wurde und außer den Essens- und Jausenpausen bis über Mitternacht hinaus, gar nicht so selten auch bis in der Früh durchgespielt wurde. Gespielt wurde aber nur im Winter, nicht jedoch im Sommer. Mutter bewirtete die Kartenspieler mit Essen und Trinken, wir machten die Stallarbeit und die Arbeiten wie Futterherrichten, Holztragen und so weiter, was halt im Winter so täglich anfiel. Abends, wenn wir mit der Stallarbeit fertig waren, setzten auch wir uns zur Runde und schauten zu. Dabei erlernten wir das Spielen und so kam es, dass wir dann in der Familie mit Vater und Mutter oft und viel Karten spielten.

SOMMER AUF DER ALM

Arbeitsteilung

Durchschnittsbetriebe, die mit ein paar wenigen Dienstboten auskamen, oder überhaupt reine Familienbetriebe machten die überwiegende Mehrzahl aus. In unserer und in der anschließenden Nachbargemeinde gab es aber auch einige größere Betriebe mit eigener Alm, eigener Sennerei und Eigenjagd. Diese Bauern taten sich wirtschaftlich wesentlich leichter.

Durch die größeren Flächen konnten sie mehr Produkte erzeugen und mehr Vieh halten, wodurch sich ihre Einnahmen wesentlich erhöhten. Die Almbauern verfügten über genug Weidefläche für das Vieh. Sie konnten zusätzlich von anderen Bauern gegen Zins Vieh auf ihre Weide aufnehmen. Bauern, welche ihr Vieh auf die Almen der Großbauern aufzinsten, konnten im Bedarfsfall die Zinssumme auch in Arbeit abgelten (s. Foto S. 115).

Dienstboten gab es auf den größeren Betrieben mehrere. So zum Beispiel der „Moar", der „Untermoar", der „Rossknecht", der „Fuattara" (Viehfütterer), welcher im Sommer auf der Alm das Vieh hütete. Dieser hatte meistens einen „Halterbuam" zur Hilfe. Dabei handelte es sich hauptsächlich um Ziehkinder von Dienstmägden. Diese wurden oft sehr ausgenützt und auch von den Knechten unbarmherzig sekkiert. Weiblicherseits waren es die „Felddirn" und die „Saudirn". Die „Kuhdirn" war im Sommer als Sennerin auf der Alm, versorgte die Kühe und auch die Schweine und verarbeitete die Milch zu Butter und Käse. Dazu kam das Kochen für das gesamte Almpersonal, die „Jungviehhalter", „Schafhalter", „Kiahbua", und das Wäschewaschen. Obwohl für eine Sennerin oder „Prentlerin" ausgesprochen viel Arbeit anfiel, war es doch eine gehobene Stelle. Sie konnte sich die Arbeit selbst einteilen.

Für die anderen Dienstboten war die Arbeit genau eingeteilt. Wehe, wenn die Arbeiten nicht ordentlich ausgeführt wurden, dann drohte ihnen die Entlassung. Der Lohn war damals ohnehin spärlich. Hatte eine Magd ein oder selten gar zwei ledige Kinder bei sich, musste sie für den Unterhalt des Kindes oder der Kinder unentgeltlich arbeiten. Es musste gut gehen, dass sie ein paar Schuhe oder ein bisschen

Kleidung bekommen hat. Deshalb haben viele Mägde die Kinder als Ziehkinder für spätere Arbeitskräfte zu anderen Bauern gegeben. Dort musste dann der Kindesvater für den Unterhalt zahlen, sofern einer vorhanden war. Es ist auch vorgekommen, dass sich ein Vater geweigert und die Vaterschaft abgestritten hat, teilweise zu Recht, teilweise zu Unrecht.

„Ausschrein"

Mit dem gleichen, an anderer Stelle schon beschriebenen öffentlichen „Ausschrein" wurde auch der Termin zum Zäunen und Auftreiben auf die Greimalm bekannt gegeben. Dazu stellte sich entweder der Bürgermeister selber oder ein „Groshojer" auf die Terrasse. Der schrie dann zum Beispiel so: „Aufgepasst! Am Donnerstag ist's zum Greimeinzahlen. Für ein Pferd so und soviel und für ein paar Ochsen so und soviel." Hatte ein Pferd ein Fohlen, ging dieses gratis mit. Die Alm war Gemeindebesitz und die Bauern hatten Weiderechte für soviel Galtvieh, wie sie in der Lage waren, mit dem betriebseigenen Futter über den Winter zu füttern. Tiere im Frühjahr zuzukaufen und aufzutreiben, wurde nicht gestattet. Sämtliche Besitzer der damals eigenständigen Gemeinde Pöllau hatten unbeschränkte Auftriebsrechte. Für die Besitzer der drei Nachbarsgemeinden, und das auch nicht für alle, waren und sind auch heute noch die Auftriebsrechte auf gewisse Zahlen beschränkt. Zur Deckung der Steuer und anderer Ausgaben wurde von den Auftreibern pro Tier ein kleiner Zins eingehoben. Ein paar Wochen vor dem Auftrieb, wenn halt die Zaunstrecken vom Schnee frei waren, wurde wiederum „ausgeschrien". Zum Beispiel: „Am Tag so und so ist zum Greimzäunen. Zu stellen sind für ein Pferd ein Zäuner, pro zwei Ochsen auch ein Zäuner." Hatte ein Besitzer eine ungerade Zahl Rinder, so ging das ungerade drunter. „Alle Zäuner haben sich um sieben Uhr beim Schönebentörl einzufinden." Dort warteten die sechs Groshojer mit dem Bürgermeister oder dem Bergmann an der Spitze. Groshojer waren gewählte Männer, welche für Ordnung zu sorgen hatten. Woher der Name Groshojer kam, ist mir nicht bekannt, er wurde jetzt umbenannt auf den Namen „Greimausschuss". Nun teilte der Bergmann die Zäuner in Gruppen. Jede Gruppe, angeführt von je einem Groshojer, war für eine gewisse Zaunstrecke zuständig. Weil zu jener Zeit noch kein Güterweg auf die Alm führte, musste alles zu Fuß gegangen und getragen werden. So hörten die Holzzäune knapp oberhalb der Waldgrenze auf. Im Anschluss an die Holzzäune waren zur Abgrenzung Steinmauern errichtet. Auch die Steinmauern mussten jährlich durchkontrolliert und ausgebessert werden. Weil die Steinmauern fast bis zum Gipfel in 2474 Metern Seehöhe reichen, hatte der Bergmann eine Gruppe von jüngeren Zäunern und solchen, die gut bei Fuß waren, ausgesucht und zusammengestellt. Das war für die jüngeren natürlich ein Vergnügen, vor allem, wenn das Wetter schön und bei den Mauern nicht viel zum Ausbessern war. Die Holzzaungruppen hatten eine etwas schwerere Arbeit, brauchten aber nicht so weit zu gehen. Zaunstecken und „Hecken", wie die langen Stangen genannt wurden, die für den Holzzaun gebraucht wurden, mussten umgehackt und zum Zaun getragen werden. Hatte ein Besitzer Mangel an der Zahl der Zäuner, wurden ohne weiters kräftigere Buben, welche noch zur Schule gingen, akzeptiert. Für ein oder zwei Tage von der Schule zur Arbeit daheim bleiben, war damals nicht tragisch und wurde vom Lehrer ohne weiteres entschuldigt. Waren bei einer Gruppe Schulbuben dabei, wurden diese zum Mittragen der Jausenrucksäcke eingeteilt. Die Groshojer hatten zusätzlich die Aufgabe, Nachschau zu halten, ob die Steige in Ordnung waren, damit nicht ein umgefallener Baum über einen Steig lag oder, was auch oft vorkam, dass ein Teil vom Steig weggerutscht war. Darüber hinaus mussten die Wassertröge frei gemacht werden vom Sand und Schlamm, der sich über die lange Zeit angesammelt hatte, damit das Wasser ungehindert in die Träge rann und das Vieh jederzeit genug zum Trinken hatte. Auf das groß angelegte Almzäunen freuten sich die Männer, besonders die Dienstboten. Jede Gruppe tat das Möglichste, um zeitig fertig zu sein. Eigentlich war ja ein voller Tag dafür berechnet. So blieb mehr oder weniger Zeit für ein gemütliches Beisammensein.

Almauftrieb

Jedes einzelne Tier musste beim Auftrieb, wie es jetzt noch gleich gepflegt wird, genau gekennzeichnet sein. Meist benutzte man dazu den Anfangsbuchstaben des Hauses oder den Schreibnamen des jeweiligen Betriebes, auch Ringerl, Schlüsselzeichen oder nur einfach ein oder mehrere Striche wurden hierfür verwendet. Die Zeichen wurden entweder an gut sichtbaren Stellen in die Haare eingeschoren, in die Hörner eingeschnitten oder eingebrannt. Diese Kennzeichen wurden von jedem Besitzer beim Greimeinzahlen in einer Liste eingetragen, dazu auch die Anzahl der aufgetriebenen Tiere. Es gab damals ja keine Ohrmarken. Das Kennzeichen war sehr, sehr wichtig. Da auf dieser Alm kein Halter notwendig war, hielt jeder Besitzer selbst einmal die Woche Nachschau und brachte den Tieren das so wichtige Salz und auch ein bissl Kraftfutter mit. Freilich gab es auch Nachlässige, welche oft länger nicht Nachschau hielten. Entdeckte ein aufmerksamer Salzgeber oder Berggeher, dass bei einem Tier etwas nicht in Ordnung war, es krank war oder, was auch manchmal vorkam, ein Stück irgendwo verendet lag, meldete er es mit dem entsprechenden Kennzeichen dem Berg- oder Obmann oder irgendeinem von den Groshojern, die in der Liste nachschauten und so den Besitzer des betreffenden Tieres rasch verständigen konnten.

Der Termin zum Auftrieb selbst wurde wieder „ausgeschrien“: „Achtung! Aufgepasst! Am Samstag ist zum Greimtreiben! Aufgetrieben wird von acht Uhr früh bis zwölf Uhr Mittag und zwar auf der Almeben, beim Schönebentörl und beim Zirmeggtörl. Tag und Zeit sind genau einzuhalten.“ Bei diesen drei Auftriebsorten standen je zwei Groshojer, die die Aufgabe hatten, die Tiergruppe von jedem Besitzer zu kontrollieren, ob die angegebene Zahl stimmte und jedes Tier sein Kennzeichen hatte.

Obwohl die Greimalm groß ist, waren die Auftriebszahlen von ungefähr hundert Rindern und sechzig bis siebzig Pferden einfach zu viel. Da herrscht besonders in trockenen Jahren Weideknappheit. Damals wurden sehr viele Zugpferde gebraucht, im Winter zum Holzfuhrwerken, im Frühjahr und Herbst zum Getreideanbau. Weil bei den meisten, hauptsächlich bei den kleineren und mittleren Betrieben, nicht genug Weidefläche zur Verfügung stand, wurden die Pferde für einige Monate im Sommer auf die Alm getrieben. In dieser Zeit wurden für Zugarbeiten oder beim Heu- und Getreideeinführen Kühe eingesetzt. Nur die wenigen großen Besitzer konnten über den Sommer zur Zugleistung ein Pferd oder zwei kastrierte Kalbinnen auf den Heimweiden halten. Kastrierte Kalbinnen oder „Schnitzkalbinnen“, wie sie hießen, wuchsen sehr groß und kräftig und waren ausgezeichnete, sichere Zugtiere. Nach und nach wurden sämtliche Zugtiere von den Traktoren abgelöst. So ist die Zahl der aufgetriebenen Pferde auf zwanzig bis dreißig zurückgegangen. Waren es damals die schweren, kräftigen Zugpferde der Rasse Noriker, so sind es jetzt die wendigen, leichtern Haflingerpferde, welche als Hobby zum Reiten gehalten werden.

Da diese Alm südlich bis südöstlich liegt, war es je nach Schneelage in den Gräben möglich, dass in der ersten bis Anfang der zweiten Junihälfte aufgetrieben werden konnte. Ein Teilstück von der Greimalm, Sattel genannt, befindet sich über dem Grat auf nördlicher Seite.

Dieser Teil ist durch eine lange Steinmauer von der Hauptalm abgegrenzt. Der Grund für die Abgrenzung liegt darin, dass dieser nördliche Teil felsiger und ungleichmäßiger mit einigen tiefen, steilen Gräben durchzogen ist, wo lange bis in den Sommer hinein Schnee liegt. Da wäre ein unbeaufsichtigtes Beweiden nicht möglich gewesen, obwohl in diesem Almteil viel mehr und weitaus besseres Gras wuchs.

So kam es, dass sich jedes Jahr interessierte Besitzer fanden, die sich schon beim so genannten Greimeinzahlen mit der Zahl der Tiere zum „Satteltreiben“ melden mussten. Die Zahl war auf circa vierzig Stück Ochsen beschränkt. Da handelte es sich meist um schwerere Tiere, welche für den Herbstverkauf bestimmt waren. Wegen des guten und üppigen Grases erreichten diese Ochsen eine weitaus höhere Gewichtszunahme und Leibigkeit als auf dem ungefährlichen Weidegebiet. Gerne nahmen jene Besitzer zusätzliche Leistungen in Kauf. Es musste ein Halter beigestellt werden. Pro Tier war ein Halterlohn zu bezahlen. Dazu kamen noch Zäunarbeiten, Instandrichtung der Steige und der Tränktröge und für die Hütte des Halters war das Brennholz herzurichten. Auch waren dem Halter Hauptnahrungsmittel wie Brot, Fleisch und Mehl zur Verfügung zu stellen. Mit Milch, Butter und Käse versorgte er sich hingegen selbst, da er ja ein Schöckerl Ziegen und ein Paar Schweindl auf der Alm halten durfte. Die Anzahl von Ziegen und Schweinen blieb dem Halter überlassen. Weil gerade die Ziegen auf der Alm die richtige und zuträglichste Nahrung fanden, gaben sie in den besten Sommermonaten ganz schön viel Milch. So konnten die Halterleute, meist war es ein Ehrpaar, einen schönen Vorrat an Butterschmalz für den Winter anlegen. Die Magermilch wurde an die Schweine verfüttert. Dazu gab man ihnen ein bisschen gekochten großen Ampfer und Graupen , Isländisch Moos genannt. Weil die Schweine soviel Milch zum Trinken bekamen, brauchte gar nicht viel Getreideschrot dazugefüttert werden. Untertags liefen sie im Freien herum und suchten sich das nötige Gras. Diese Almschweine hatten eine ganz vorzügliche Fleischqualität, denn alles, was sie dort zum Fressen bekamen, war natürliches Futter.

Unterbringung

Soweit meine Erinnerung reicht, war die Hütte ein absolut wetterfester Holzbau und um den Wind standzuhalten, war sie mit einem Seil angehängt, welches tief im Boden verankert war. Im Vorraum stand ein gemauerter Herd mit einer Kochplatte und einer Stiege in den Dachraum, wo sich ein paar einfache, mit Heu gefüllte Betten für den Halter und eventuell für Angehörige vom Halter oder Almgeher befanden. Gleich neben dem Vorraum war die Stube mit dem gemauerten Kachelofen, welcher bei Schlechtwetter eine gute Wärme gab. Darauf konnte nasse Kleidung gut und rasch getrocknet werden. In diesen Raum war auch ein kleiner Tisch und ein Bett. In der Ecke stand eine kleine, mäusedichte Truhe für den Lebensmittelvorrat. Neben der Hütte befand sich ein kleiner, wetterfester Stall für die Ziegen und Schweine und später für die Kühe, Trempl genannt. Vom Neubau der Hütte und des Trempls weiß ich nur aus Erzählungen von meinem Onkel, welcher beim Neubau tätig war. Wie mein Großvater berichtete, stand dem Halter vorher nur eine ganz kleine Hütte zur Verfügung, die nur einen einzigen Raum hatte. In einer Ecke war eine offene Feuerstelle, an der anderen Seite ein Bett, ein primitiver Tisch, ein paar Stühle, an der Wand waren hölzerne Nägel zum Aufhängen der Kleidung angebracht und eine Kosttruherl zum Aufbewahren der bescheidenen Essensvorräte. Trotzdem war es zu jener Zeit gar nicht so schwer, für eine so extreme Alm einen Halter zu bekommen, war er doch sein eigener Herr.

Die Aufgaben eines Halters

Weil es damals auf den Hochalmen, wo keine Bäume mehr wuchsen, keinen Zaun gab und nur an ganz gefährlichen Stellen zur Abgrenzung Steinmauern aus zusammengetragenen Steinen errichtet wurden, mussten die Halter sehr früh aufstehen, um bei der Viehherde zu sein, wenn die Tiere nach und nach von der Nachtruhe aufstanden. Da die Tiere auf den Almen, wo ein Halter erforderlich war, den ganzen Sommer über zu einer Herde zusammengehalten wurden, waren die Tiere gewohnt, dass sie abends nach und nach selbst oder mit Mithilfe des Halters zur Nachtruhe die „Sitzstatt" oder den „Sitzplatz", wie er heißt, suchten. Die Sitzstatt war ein ausgesuchtes, weniger steiles, ungefährliches Platzerl, wo keine Gefahr des Abstürzens bestand, falls die Tiere durch ein Gewitter von der Nachtruhe aufgeschreckt wurden. Um sicher zu gehen, blieb der Halter dann bei der Herde, bis sich mehr als die Hälfte oder fast alle zur Nachtruhe und zum Wiederkäuen niedergelegt hatten. Sobald die Tiere anfangen mit dem Wiederkäuen, bleiben sie längere Zeit ruhig. Das wurde für den Halter je nach Witterung manchmal ganz schön spät. War ein schöner angenehmer Tag, wo die Tiere ausreichend weiden konnten, kamen sie früh zur Ruhe. Bei Schlechtwetter waren sie unruhiger. So war die Nacht für den Halter oft ziemlich kurz. Wenn er wollte, konnte er sich dafür am Tag ein Schläfchen leisten. So wie in der Nacht, halten die Tiere auch am Tag eine Ruhepause zum Wiederkäuen. Die Tiere weiden je nach vorhandener Grasmenge von der Früh bis in den Vormittag und wenn sie sich vollgefressen haben, legen sie sich hin zum Wiederkäuen. Diese Ruhepause dauerte bis in den Nachmittag hinein. Diese Freizeit konnte der Halter ganz für sich in Anspruch nehmen. Entweder er legte sich hin zum Schlafnachholen oder machte kleine Entdeckungsspaziergänge. Ab und zu kam ein Salzgeber oder Berggeher, mit dem er sich unterhielt. Womit sich die Halter zur damaligen Zeit in der Zwischenpause beschäftigten, das war das „Speiken". Mancher Halter sammelte so große Mengen Speik, dass er bis zum Herbst eine ganze Pferdefuhre in die nahe gelegene Stadt Oberwölz transportieren konnte. Dort war bei einem gewissen Kaufmann, der ihn dann weiterlieferte, Absatz dafür, wie mir erzählt wurde.

Großonkel Stefan

Auch Großonkel Stefan war ein Speiker. Dieser Bruder meines Großvaters, den ich noch lange gekannt hatte, war von seinem 14. Lebensjahr bis ins hohe Alter jeden Sommer auf der Alm. Er hatte die Alm schon ein paar Mal gewechselt. Zusätzlich zum bescheidenen Halterlohn pro aufgetriebenen Stück Vieh, durfte er ein Schöckerl Ziegen, so ungefähr fünfzehn bis zwanzig Stück und auch ein paar Schweine auf dieser Almweide halten. Das Kraftfutter und Salz für die Ziegen und Schweine musste er selber kaufen. Von der Ziegenmilch hatte mein Großonkel schon damals in den Dreißigerjahren einen sehr, sehr guten Käse hergestellt, welchen er nach Oberwölz in ein größeres Geschäft verkaufen konnte. Natürlich erzeugte er auch Butter. Das war für uns Kinder auch eine große Freude, wenn wir mit Großvater bei ihm einkehren konnten und eine solche Almjause bekamen.

Mein Großonkel war ein sehr glücklicher, froher Mensch. Außerdem verfügte er über ein ausgesprochenes handwerkliches Talent, so hat er über den Winter bei den Bauern herum verschiedene Arbeiten verrichtet, wie zum Beispiel neue Fensterstöcke und Türstöcke sowie Fensterrahmen gemacht, einfache Stühle und Bänke hergestellt und was halt sonst so alles an Bastelarbeiten und Ausbesserungsarbeiten anfiel.

Großonkel Stefan hatte zudem auch ein besonders eigenartiges Hobby. Er fing an, Zuckerl in Großpackungen zu bestellen, welche ihm dann die Leute und besonders die Kinder in kleinen Mengen abkauften. Dazu kamen dann Germ, Kaffee und Zucker und so entwickelte er sich zu einem Kaufmann. Er heiratete eine fleißige, sparsame Frau, welche in einem Pfarrhof im Dienst war. Vorerst wohnten sie in einem alten Bauernhaus, während sie sich nebenbei ein neues, schlichtes Holzhaus bauten. Weil beide kaufmännische Interessen besaßen, richteten sie im neuen Haus einen Greislerladen ein. Das war für das ganze Gebiet ein großer Segen, waren ja die nächsten Geschäfte fünf Kilometer entfernt. In unserer Gemeinde auf 1100 Metern Seehöhe und auch noch höher, da gab's damals noch keine Straße vom Tal herauf, nur einen Karrenweg und einen Fußsteig. Sämtliche Bewohner waren daher zum Teil Selbstversorger. Nach

Möglichkeit wurde das angebaut und selbst erzeugt, was so zum Leben gebraucht wurde. Auch hielten alle hauptsächlich bei Getreide einen ziemlichen Vorrat. Gab es dann einmal ein Hageljahr, wurde es kritisch. Einiges, was nicht erzeugt werden konnte und gebraucht wurde, musste heimgetragen werden. Gekocht wurde mit Schweinfett, Butterschmalz oder Butter.

Da Großonkel Stefan im Sommer auf der Alm war, betreute das Geschäft größtenteils seine Frau. Das Geschäft lief ausgesprochen gut, da man alles bekam, angefangen vom Petroleum für das Licht – es gab ja noch keinen Strom, Gewürze, Mehl, Zucker, Kaffee, Germ, Backpulver, Essig, ja alles was für den Haushalt gebraucht wurde. Außer den Büchern für den Unterricht bekamen die Kinder darin auch sämtliche Schulartikel zu kaufen. Zudem war Häkel- und Ausnähgarn erhältlich, nur größere Textilien führten sie nicht. Wenn man bedenkt, welche Bürde diese Menschen mit Freude auf sich genommen haben, kann man sich das zur jetzigen Zeit gar nicht vorstellen. Aufgrund der fehlenden Straße konnte die Zubringung mit keinem Auto erfolgen. Auch konnten sie sich nicht immer ein Pferdefuhrwerk leisten. Mit den Preisen wollten sie nicht überhoben sein und so trug seine Frau viele, viele kleinere Sachen im voll bepackten Rucksack auf dem Rücken heim. Als dann die Straße gebaut und die Zustellung leichter wurde, begannen sie mit Hilfe der Schwiegertochter zusätzlich mit einem kleinen Ausschank.

Als Großonkel der Betreuung des Jungviehs altersmäßig nicht mehr gewachsen war, übernahm er von einem Bauern über den Sommer die Betreuung einer kleinen Sennerei mit einigen Kühen und ein paar Schweinen. Dies pflegte er mit großer Gewissenhaftigkeit bis ins hohe Alter.

Inzwischen wurde auch auf die Gemeinschaftsalm, wo mein Großonkel die meisten Sommer seines Lebens als Halter verbracht hatte, ein Güterweg gebaut. Als er, der beinahe neunzig Jahre alt wurde, schon mehrere Jahre bettlägrig war, musste sein Sohn jeden Sommer einmal mit ihm auf die Alm fahren. Das machte ihn zufrieden und glücklich. So stark war bei ihm die Verbundenheit zur Alm. Seine Frau starb schon lange vorher. Danach betrieb noch eine Zeit lang die Schwiegertochter die Gemischtwarenhandlung und den kleinen Ausschank, musste ihn aber der immer strengeren Auflagen wegen aufgeben. Sein Sohn ging einem anderen Beruf nach. Der gesamten Bevölkerung tat es um dieses Kaufgeschäft sehr leid.

Stiere

Falls sich eine Kalbin gestiert hatte und vom Stier gedeckt wurde, musste der Halter das genaue Datum aufschreiben. Wehe, wenn er es übersehen hatte, da gab's Kritik. Es waren ja immerhin Kalbinnen von zwölf Besitzern auf dieser Gemeinschaftsalm beisammen. Jeder hatte seine genau eingeteilten Rechte und nach den Rechten die Leistungen zu erbringen. Jetzt ist diese Alm zur Gänze mit Stacheldraht eingezäunt, die gefährlichen Stellen überhaupt weggezäunt, dafür die besseren Flächen besser gepflegt und auch gedüngt, daher erübrigt sich ein Halter. Auch ist schon längere Zeit kein Stier mehr bei dieser Kalbinnenherde. Jeder Besitzer ist für seine Tiere selbst verantwortlich. Es liegt an ihm, ob er trächtige oder jüngere Tiere auftreibt, welche noch nicht gedeckt werden. Da ja jetzt der Güterweg auf die Alm sowie auch zu jeder anderen Alm führt, nehmen die Besitzer in Einzelfällen einen Tierarzt zur Besamung der Kalbinnen mit auf die Alm. Dasselbe gilt auch für den Fall, dass ein Tier erkrankt. Wenn ich zurückdenke an meine Kinderzeit, wie arm die Tiere waren, wenn eines krank wurde oder abstürzte und verletzt war. Den mehrstündigen Weg mussten sie nach Hause zum Betrieb getrieben werden, denn auf der Alm war es ja nicht möglich, ein Tier gesund zu pflegen. Mir ist es deshalb so gut in Erinnerung, weil ich als Kind öfters mitgehen musste „nachtreiben".

Ich war ungefähr so zehn oder elf Jahre alt, als mein Onkel Franzl einen gesund gepflegten Ochsen zurück auf die Alm führte und ich nachtreiben musste. Wir mussten durch eine Weide durchtreiben, wo bei den Kühen auch ein Stier weidete. Auf die Alm, wo wir mit dem Ochsen hinmussten, ging es über einen Serpentinensteig ziemlich steil bergauf. Plötzlich lief uns der Stier nach und verfolgte uns eine ziemlich lange Strecke. Ich hatte panische Angst und auch mein Onkel kam nicht ohne Angst davon. Uns Kindern wurde immer gelehrt, wenn man auf einen Stier mit einem Stock einschlägt, kann es passieren, dass er noch wütender wird. So ist es mir auch einmal passiert, als ich, wie ich schon erwähnt habe, dreizehn Sommer lang die Milch mit der Butte auf dem Rücken vom Melkstall zweimal am Tag heimtragen musste. Da musste ich auch durch eine Weide durch, wo ein Stier weidete. Dieser fing auch an, mich zu verfolgen. Wahrscheinlich störte ihn die Butte auf meinem Rücken. Er fing an zu brüllen und mit den Füßen zu graben, wenn er mich sah. Das wurde immer ärger, so arg dass ich mich diesen Weg nicht mehr gehen traute. Ich wich über einen Viehsteig durch den Graben nebenan aus. Zum Glück hatte der Besitzer des Stieres Verständnis und entfernte ihn von der Weide. Auf Grund dieser Erlebnisse hatte ich zu Stieren nie eine gute Beziehung. Das heißt ich hatte immer Angst, wenn ich einen begegnete. So ist es verständlich, dass jetzt auf Almen oder Weiden, wo Wandersteige durchführen, keine Stiere oder sonstige bösartige Tiere mehr weiden, nur mehr gutmütige Rinder, mit denen von klein auf gut umgegangen worden ist.

Im Gegensatz zu den Stieren hatte ich Pferde immer sehr gern, selbst dann, wenn sie auch ein wenig „repplerisch“ waren, wie es geheißen hat. Vor ihnen hatte ich nie Angst. Mit den Pferden kann man ja fast sprechen. Sicher gibt es auch böse Ausnahmen. Mir taten die Tiere immer sehr leid, wenn beim Holzfuhrwerken, das war auch für die Tiere eine Schwerstarbeit, so mancher Grobian unbarmherzig auf sie losschlug, wenn sie die Fuhre fast nicht ziehen konnten. Zur damaligen Zeit, wo die Tiere zu Arbeitsleistungen herangezogen wurden, wäre Tierschutz genauso wichtig gewesen wie zur jetzigen Zeit.

Der Katastrophensommer 1954

Dass es im Sommer auf den hohen Berggipfeln manchmal herunterschneit, ist keine Seltenheit. Dass das Wetter manchmal verrückt spielt, ebenfalls nicht. Doch eine solche Wetterverrücktheit wie im Sommer 1954 habe ich nur ein einziges Mal erlebt. Am 7. Juli hat es bis auf 1100 Meter heruntergeschneit und zwar soviel, dass es das Korn, welches schon voll in Ähren stand, brettleben niedergeschneit hat, ähnlich einem Hagelwetter. Es hat sich nach einigen Tagen wohl wieder in die Höhe gehoben, war aber so stark geknickt, dass sich keine Körner mehr bilden konnten, es wurde weiß und musste abgemäht werden. Sämtliche Tiere mussten von den Almen abgetrieben werden. Wir bangten um unser Pferd mit dem Fohlen, welches zu dieser Zeit schon ziemlich hoch oben auf der Alm weidete. Mehrere Tiere, die in dieser Höhe weiden konnten, konnten wegen des tiefen Schnees und des starken Sturms nicht heruntergeholt werden. Mehrere Männer, die ihre Tiere holen wollten, mussten in der Almhütte Schutz suchen. Mein Bruder wollte trotzdem aufbrechen, er wurde aber von den anderen Männern gewarnt. Sie sagten ihm: „Du kannst doch niemals in die Höhe gehen bei soviel Schnee und wenn es so stark weht. Du kannst das Pferd ohnehin nicht finden.“ Es hieß einfach abwarten. Erst als sich der Sturm legte, konnten alle auf die Suche gehen. Mein Bruder fand das Pferd mit dem Fohlen bei einem etwas überhängenden Felsen, zum Glück unversehrt. Auch von der Sattlalm musste der Halter die Tiere abtreiben und man konnte erst nach einer Woche wieder auftreiben. So ein Viehabtrieb mitten im Sommer in der besten Weidezeit, noch dazu für eine ganze Woche, war für manche Bauern eine Katastrophe, da ja die meisten in den Niederungen keine oder nur wenig Weidefläche für Galtvieh hatten. Die wenige Weidefläche wurde ohnehin für Kühe und kleinere Kälber benötigt. Dieser arge Schneesturmeinfall mitten im Sommer hat einige Besitzer entmutigt, so dass im darauf folgendem Sommer 1955 bei der Gemeinde nicht genug Ochsen zum Auftrieb auf die Sattlalm gemeldet wurden. Also blieb diesen Sommer diese Alm leer.

Übernahme der Almbetreuung

Weil nach dem Katastrophensommer 1954 wieder ein normaler schöner Sommer folgte, reizte es manche Besitzer, schon wegen des guten Weidegrases doch wieder auf diese Alm aufzutreiben. Überraschend wurde mein Vater beziehungsweise auch meine Mutter und wir alle gefragt, ob wir diese Aufgabe des Viehhütens auf dieser Alm übernehmen könnten. Der Obmann meinte, wir könnten auch ein paar Melkkühe, was vorher nicht üblich war, auf diese Alm mitnehmen, falls wir interessiert wären. Dies leuchtete meinen Eltern ein, da ja für die Kühe immer zu wenig Weide zur Verfügung war. Mein jüngerer Bruder Peter war vierzehn Jahre alt und hatte die Schule beendet. Eigentlich wurde er schon von einem Schuhmachermeister gefragt, ob er nicht in die Schuhmacherlehre einsteigen möchte. Mutter wäre es recht gewesen, aber Vater war strikt dagegen. Warum, das weiß ich nicht. Er hatte einfach nur die Einstellung, wir müssten zusammen helfen, den Betrieb verbessern, wo und wie es nur irgendwie geht. Auch ich wäre gerne wenigstens irgendwo mal auf Saison gegangen. Meine Brüder konnten zunehmend Gelegenheitsarbeiten annehmen, zum Beispiel bei Bauarbeiten, Holzschlägerungen oder Fuhrwerken, wenn es sich von zuhause aus ausging. Also haben meine Eltern für die Betreuung der Ochsen auf dieser Alm zugesagt und so haben wir drei Sommer über, 1956, 1957 und 1958, diese Alm oder besser gesagt die Tiere auf dieser Alm betreut.

Zu erreichen war die Sattlalmhütte entweder durch den etwas flacheren Aufstieg von daheim bis zur Greimwiesenhütte und von dort weiter über einen Höhensteig bis in die Sattlalm, oder man wählte den Karrenweg durch den Talboden bis zu einem Serpentinensteig. Vom Talboden erreichte man über den Serpentinensteig die Hütte in einer guten halben Stunde, wenn man nicht allzu viel zu tragen hatte. Allerdings ob so oder so, die Alm lag in einer Entfernung von einem zweistündigen Fußmarsch.

Es gab damals und auch heute noch keine Zufahrt, so mussten wir über den Serpentinensteig sämtliche Gerätschaften, Bettwäsche, Lebensmittel und ein wenig Salz und Kraftfutter für die Tiere auf dem Rücken zur Hütte tragen. So hatte ich jedes Mal, wenn ich zur Erntearbeit heimging, etwas zum Mittragen. Heimzu die erzeugte Butter und auch zurück fiel immer etwas an. Um die Zeit des langen Fußmarsches zu verkürzen, fuhr ich bei schönem Wetter mit dem Fahrrad den Karrenweg, welcher auch wieder sehr holprig war, den Talboden entlang bis zum Serpentinensteig. Dort stand zu der Zeit ein unbenutzter Privattrempl, ein Almstall, wo ich das Fahrrad einstellen konnte. Wenn über den Tag Regen einsetzte, ging ich zu Fuß. Da waren einmal Holzknechte neben dem Weg bei ihrer Arbeit. Ich blieb kurz stehen und plauderte ein wenig, da meinte einer zu mir: „Du wirst wohl auch nicht dein Leben lang Füße haben!“ Ja, Füße habe ich jetzt mit einundachtzig Jahren schon noch, aber so gut wie damals sind sie halt schon lange nicht mehr.

Obwohl mein Bruder erst vierzehn Jahre alt war, wurde er zum Halter bestimmt. Sie meinten, mit meiner Mithilfe würde es schon gehen. Ich sollte mit ihm auf die Alm ziehen, die Kühe und die Schweine betreuen, die Kühe melken, die Milch zu Butter verarbeiten und beim Ochsen halten helfen und wenn es möglich war, bei schönem Wetter heimkommen und bei den Erntearbeiten helfen, hauptsächlich beim Getreideschnitt. So gern ich Ausflüge auf eine Alm machte, aber über eine Viehbetreuung auf der Alm war ich anfangs ganz und gar nicht begeistert. Ich musste zugeben, ich hatte direkt Angst davor, da es viele Stellen gab, wo Tiere abstürzen konnten.

Das war einmal einem Tier passiert, welches meine Schwester und ich verkaufen wollten. Eine Kalbin in unserem Stall hatte eine Frühgeburt. Es war ein weibliches Kalb, ansonsten normal aber so ungewöhnlich klein wie ein junges Schaf. Wir trugen es herum wie ein Kind. Es war lebfrisch, trank gut und wuchs und gedieh. Es wurde aber sehr zutraulich zu den Menschen. Weil wir uns um dieses außergewöhnliche Vieherl so bemühten, meinten meine Eltern, dieses Kaiberl könnten meine Schwester und ich behalten, großfüttern und dann verkaufen. Es wuchs zur normalen Größe heran, wurde belegt und auf die Alm getrieben. Meine Schwester und ich planten die Kalbin im Herbst trächtig zu verkaufen. Wie es das „Unglück“ haben wollte, stürzte die Kalbin aber auf der Alm tödlich ab. So war damals unsere Hoffnung auf Geldeinnahme wieder zunichte.

Weil damals dann schon Stacheldraht zu bekommen war, wurden ein paar ganz gefährliche Stellen mit Stacheldrahtzaun abgesichert. Für die Kühe wurde in der Nähe der Hütte eine Fläche mit einem Elektrozaun, den es damals schon gab, eingezäunt, bis sie sich gewöhnt hatten und sich nicht allzu weit von der Hütte und Stall entfernten. Über Nacht blieben sie im Trempl, wie ein Almstall in unsrem Gebiet heißt. Im Juli, als die Ochsen über den Bergrücken auf die hintere Alm getrieben wurden und außer Sichtweite von den Kühen waren, gaben wir den Elektrozaun weg. Nun konnten sich die Kühe das Gras suchen, das ihnen am besten zusagte. So haben die Kühe den ganzen Sommer über gut gemolken, was wir eigentlich nicht erhofften. An den Stellen, wo lange Schnee lag, fanden sie immer gutes, junges Gras. Freilich, auf Hochleistung wie jetzt wurden die Kühe damals nicht gefüttert, es bestand ja noch keine Möglichkeit zum Milch liefern. Durch Zureden und Anweisungen eines älteren Almhalters hatte sich nun mein Bruder Peter in das Viehhüten gut eingelebt. Mein Bruder Michael war ohnehin schwer begeistert für Vieh-, Alm- und Landwirtschaft. Er kam sehr oft nach auf die Alm, hauptsächlich am Sonntag. An und für sich ist das Viehhüten auf der Alm keine schwere Arbeit. Es erforderte hauptsächlich Ausdauer, Aufmerksamkeit, Gewissenhaftigkeit und Freude zum Vieh.

Einmal hatten wir große Angst, das war ziemlich am Anfang, es war ein schöner Morgen. Ich half ihm. Wir wollten mit dem Vieh auf einen höheren, ziemlich steilen Grasplatz. Es wurde uns aufgetragen, bei schönem Wetter die höheren, beschwerlicheren Grasflächen zu nützen. Die Tiere sträubten sich gewaltig. Nur mit großer Mühe konnten wir sie bergauf bringen. Als wir oben waren und die Tiere ein Zeitl weideten, braute sich oberhalb auf dem Gipfel ein Gewitter zusammen. Es blitzte und donnerte und der Hagel ging nieder, so dass es im Nu aussah wie in einer Winterlandschaft. Schnell mussten wir die Tiere zu einem abgrenzenden, schützenden Felsen zusammentreiben und sie dort zusammenhalten, bis der Hagel wieder zerschmolzen war. An dieser steilen Stelle wäre durch den Hagel die Gefahr des Abrutschens und Abstürzens viel zu groß gewesen. Anfangs haben wir das nicht verstanden oder nicht gewusst. Später erst kamen wir drauf, dass die Tiere das Wetter viel feiner fühlen als wir Menschen.

Wenn an einem Tag keine Gewittergefahr beziehungsweise kein Schlechtwettereinbruch zu befürchten war, spürten das die Tiere schon morgens. Sie drängten sich von selber der Höhe zu, fraßen sich voll und spazierten langsam und bedächtig bergabwärts, um einen Ruheplatz zum Wiederkäuen zu suchen. So ein schöner, wettersicherer Sommertag ist für Vieh und Halter ein Vergnügen. Da brauchte der Halter nur Acht geben, dass sich keines zu weit von der Herde entfernt und sich nicht an irgendeine gefährliche Stelle verirrt. An solchen Tagen fand ein Halter Zeit zum Speik sammeln, welcher zu dieser Zeit noch in kleineren Mengen gebraucht wurde. In einer Zeitung fanden wir ein Inserat von einer Salzburger Firma, welche neben Speik verschiedene Heilkräuter und Gebirgskräuter benötigte. Wir meldeten uns und bekamen eine Liste zugeschickt, welche Kräuter gebraucht und was dafür bezahlt wurde. Mein Bruder sammelte Speik und ich, wenn ich nicht heimgehen brauchte zur Erntearbeit oder mit der frisch erzeugten Butter, sammelte auch ein wenig Arnikablüten und Almrosenblätter, welche auf dieser Alm in reicher Menge vorhanden waren. Dieses Sammeln erforderte viel Zeit und Ausdauer, weil getrocknete Kräuter ein geringes Gewicht haben. Getrocknet haben wir teils in der Hütte und teils hab ich die Kräuter mit heim genommen, zum Trocknen am Dachboden. Die ganze Hütte roch stark von den Kräutern, wir empfanden es sogar als angenehm und es wird auch sicher nicht ungesund gewesen sein. Der Erlös aus den Kräutern war für meinen Bruder ein Zusatz zum Halterlohn, welchen er pro Tier von den auftreibenden Besitzern bezahlt bekam. Und ich hatte mit der kleinsten Summe Geld schon eine große Freude, denn ich dachte im Geheimen, eine kleine Aussteuer anzulegen. Wir bekamen wohl Schuhe und Kleider und zu Weihnachten ein Trinkgeld, doch wie ich schon erwähnt habe, für Bauernkinder gab es damals keinen fixen Lohn und auch keine Krankenversicherung.

Beim Viehabtrieb von der Sattelalm

In der Jürgmoaralm-Hütte
im Alter von 32-33 Jahren,
1959 oder 1960

Mit Gästen von der Neunkirchnerhütte
auf der Jürgmoaralm,
um 1959/60

Bei der Jürgmoarhütte:
ganz links der Besitzer vlg. Jürgmoar,
ich in der Mitte mit Gästen

Mit Gästen auf der Haseneckscharte, Übergang nach St. Nikolai, um 1959/60 während meiner Zeit auf der Jürgmoaralm.

Sattelalm Bruder Michael, ich und die Sennerin,
um 1950

Michael und ich,
Rückseite „Greimspitz“, Nordseite Sattelalm

Bruder Michael am Greim,
„Kopfenstoan“ (markante Felsformation),
um 1950

Auf der Sattelalm,
Bruder Peter,
um 1957

Sattelalm,
Bruder Peter beim Almabtrieb,
1956-58

Almabtrieb 1959 –60 von der Jürgmoaralm
mit Bauer (Bildmitte) und Gästen

Jürgmoarhütte (rechts vorne), Neunkirchnerhütte (rechts hinten),
Hölzlerhütte (links hinten)

Familienfoto,
Mitte der Fünfzigerjahre

BETRIEBLICHER WANDEL UND EIGENE EXISTENZGRÜNDUNG

Zukunftspläne

Im Jahr 1951 entschloss sich meine Schwester Rosa, ihren schon länger gehegten Wunsch, in ein Kloster einzutreten, zu verwirklichen. Das war für Vater eine Katastrophe. Er wollte es auf keinen Fall gelten lassen. Sie ließ sich aber nicht davon abhalten und setzte ihren Entschluss durch.

Vater hatte so manches geplant, wie er uns allen leicht hätte Arbeit verschaffen können. Bauernkinder waren die billigsten Arbeitskräfte zu jener Zeit. Man wurde auf das spätere Erbteil verwiesen und es gab auch noch keine gesetzliche Pflichtversicherung. Angefangen hatten die zusätzlichen Arbeiten zur Landwirtschaft mit Bautätigkeiten. Ein Heuschuppen auf der entfernteren Wiese, von welcher ich das Wiesenmähen geschildert habe, wurde gehoben, so dass das ganze Futter untergebracht werden konnte. Bisher musste ein Teil schon im Sommer heimgeführt werden, was aber in Winter mit Schlittenfuhrwerk viel angenehmer durchzuführen war. Auch wurde dieser Heuschuppen neu eingedeckt. Auf einem anderen Wiesenstück hinter den Getreideäckern, wo im Sommer das Wegführen vom Heu sehr umständlich war, stellte er auch einen kleinen Schuppen auf, damit das Heu schnell unter Dach gebracht werden konnte. Im Winter konnte mit dem Heu im Schnee über die Äcker gefahren werden. Dann wurde der Sommermelkstall neu gebaut. Der alte war so nieder, dass man sich beim Aus- und Eingehen durch die Tür bücken musste. Damit die Bretter für das Stalldach nicht so weit steilauf geführt werden mussten, ließ er beim damaligen Greimwiesnalmhalter Schindel „kliaben“ (spalten). Jener beherrschte das Schindelkliaben und brauchte von seiner Hütte in unseren Wald nicht weit heruntergehen, wo ihm mein Vater das passende Holz hergerichtet hatte. Inzwischen kaufte mein Vater einen Dreschwagen, einen sogenannten „Halbputzer“, zum Getreidedreschen und einen neuen Dieselmotor dazu. Das war für die damaligen Verhältnisse eine sehr gute Maschine. Wenn beim Einlassen ein bissl aufgepasst wurde, kam das Getreide gereinigt in die Stärke und brauchte nicht mehr abgewunden werden. Das Einlassen beim Dreschen war ja wieder Vaters Arbeit, denn das war eine genaue Arbeit. Damit die Dreschmaschine und der Motor in der übrigen Zeit einen ordentlichen Platz hatten, musste eine Maschinenhütte gebaut werden, die gleich so groß gebaut wurde, dass andere Geräte auch untergebracht werden konnten.

Um mehr Lebensmittel, in erster Linie Erdäpfel, zu produzieren, wurde den Bauern, natürlich rationiert, schon während des Krieges Handelsdünger zugeteilt. Es wurde ihnen auch gesagt, wie damit umgegangen werden sollte. Vorher kannten wir keinen Kunstdünger und verwendeten ausschließlich nur Dünger von den Tieren, Mist und Jauche. Ich kann mich noch gut erinnern, eines von uns Kindern musste beim Erdäpfelsetzen auf jeden einzelnen Erdäpfel Dünger draufstreuen. Ob das direkte Draufstreuen ideal war, das bezweifle ich jetzt, aber es wurde uns so angeraten und es war ja Kinderarbeit. Jedenfalls gab es eine enorm hohe Kartoffelernte. Diese reiche Kartoffelernte war nun Ansporn, dass fortan immer mehr Handelsdünger eingesetzt wurde, auch beim Futter und Getreide. Zudem war mein Vater drauf aus, die Grundstücke zu verbessern, wo es möglich war. So wurde zum Beispiel an den Stellen, wo sich durch das öftere Umackern viel gute Erde angesammelt hatte, „Bauroah“ wie es hieß, diese abgegraben und mit dem Pferde-, Kuh- oder Ochsengespann weggeführt und an den seichten Stellen angeschüttet. „Erde aufführen“ hat diese Arbeit geheißen. Dies war für Mensch und Tier Schwerarbeit und nahm einige Tage in Anspruch. Jedoch hat es sich bezahlt gemacht, denn an den seichten Stellen wuchs das Futter und Getreide sehr karg und durch das Aufschütten guter Erde war der Ertrag dann gleichmäßiger. Durch die ständige Verbesserung der Äcker und Felder und durch den Zukauf von Handelsdünger steigerten sich die Ernteerträge. Dadurch konnte auch die Viehzahl erhöht werden. Das führte wiederum dazu, dass der Stall zu klein wurde. Wir konnten den gesamten Ernteertrag nimmer ganz unter Dach bringen und mussten ein paar Jahre neben dem Stall einen Heuhaufen machen und diesen mit Brettern zudecken. Auch kann ich mich an einen großen „Strohschober“ erinnern, welchen mein Vater kunstvoll rund um eine hohe Stange aufgebaut hatte. Solche Strohschober und Heuhaufen im Freien mussten Regen, Wind und Schnee standhalten, weil sie erst im Winter, wenn schon ein Großteil verfüttert war, unter Dach gebracht werden konnten.

Stallneubau

Als nun der Stall für Vieh und Ernte viel zu klein war, wurde ans Stallanstückeln gedacht. Dieses Vorhaben musste Vater allerdings mit dem Zimmermeister und dem Zimmerpolier besprechen. Der Stall war sehr alt und hatte teilweise fast keine Grundmauer. Die Mauer selbst war auch teilweise schon desolat. Durch öftere Besichtigungen und Besprechungen mit dem Zimmermeister und dem Polier und längerem Hin und Her entstand der Entschluss zu einem Neubau. Eigentlich war ja mit den Vorbereitungsarbeiten fürs Verlängern des Stalles schon begonnen worden. Zu dieser Zeit hatten meine zwei jüngeren Geschwister ihre Schulzeit bereits hinter sich. Vater fand immer genug Arbeit für uns alle. So nützte er jede freie Zeit zwischen den landwirtschaftlichen Anbau- und Erntearbeiten für irgendwelche Vorbereitungsarbeiten, sei es für Bau- oder Flurverbesserungen. So begann er mit meinen Brüdern mit dem Aushub für die Grundmauern für den Zubau, natürlich alles händisch mit Schaufeln. Beim Ausheben stießen sie auf eine Schicht wunderschönen, reinen Sand. Das war ein großer Schatz. Eine große Menge Sand wurde aus der Tiefe geschaufelt. Es wurde ja viel gebraucht für die Steinmauer und zum Betonieren. Das Zuführen hätte enorme Zeit in Anspruch genommen, da mein Heimathof zu jener Zeit an das Güterwegenetz noch nicht angeschlossen war. Vom Güterweg bis zu meinem Heimathof konnte ein Steilstück von mehreren Metern nur mit Pferde- und Rindergespannen befahren werden. So brauchten wir nur Zement und Kalk bergauf führen. Erst mehrere Jahre später wurde die Zufahrt zu meinem Heimathaus verbessert. Dass soviel Sand an Ort und Stelle gewonnen werden konnte, war auch ein Ansporn für den Neubau. Weil in den Fünfzigerjahren noch die Hochstallbauten üblich waren, wurden zum Aufmauern der Pfeiler Betonblockziegel benötigt. Da so eine große Menge Sand zur Verfügung stand und auch der schwierigen Zufahrt wegen, wurde dem Vater geraten, die Ziegel an Ort und Stelle herzustellen. Der Baumeister

Stallbau 1957

Schwester Anna vorm Rohbau

Stallbau 1957,
ich ungefähr in der Bildmitte

besorgte uns eine Form, rechnete aus, wie viel Stück Betonziegel benötigt würden und gab uns die Anleitung für das richtige Mischverhältnis. Weil die Ziegel eine Zeit lang zum Austrocknen brauchten, gingen wir gleich an diese Arbeit. Da der Sand für die Ziegel feiner sein musste, wurde er über ein Gitter aufgeschmissen, sozusagen gesiebt. Der feine Sand kam in einen großen Holztrog, Zement und Wasser dazu und so rührten wir dieses Gemisch mit Schaufeln zu einem gleichmäßigen Brei, welcher dann schnell in die Formen gepresst wurde. Damit die Ziegel einige Löcher bekamen, wurden ein paar kantige Hölzer in der Größe von ungefähr zehn mal acht Zentimeter in den noch weichen Beton gesteckt und bevor dieser ganz fest war, wieder herausgezogen. Dazu möchte ich bemerken, dass wir angefangen von den Ziegeln über die große Steinmauer bis zur Liege und Mistplatte im Stallinneren den ganzen Beton und Mörtel händisch gerührt haben. Abwechselnd zwar, aber nichtsdestotrotz von früh bis spät. Weil es damals noch keinen Strom gab, war es nicht möglich, eine Mischmaschine einzusetzen. Nun begann das Steine sammeln für die Mauer. Zuerst wurden die auf dem Acker und Wiesenrand herumliegenden Steine, welche zum Mauern brauchbar waren, zusammengesucht, und zwar oberhalb des Gehöftes, da ja das Bergab- wesentlich leichter war als das Bergaufführen. Eine riesige Menge Steine musste für die Grundmauer und die ganze Stallmauer vorbereitet werden. Auf dem entfernteren Wiesenstück, auf dem der Sommermelkstall steht, ist ein Teil der Fläche sehr steinig, auch mit kleinen Felsen. Dort wurde dann mit dem Steine brechen begonnen. Beim Steine brechen brauchten wir Mädchen nicht helfen, wohl aber beim Zuführen. Als genug Steine vorbereitet waren, ging es dann im Spätherbst ans Bauholzschlägern, damit dieses noch bei Schnee heimgeführt werden konnte. Ich weiß nicht wie viel Kubikmeter Holz, aber es war eine gewaltige Menge, welche für Decke und Dachstuhl und noch für viele Säulen gebraucht wurde. Das Dach wurde mit Eternit gedeckt. Zum Heimführen der Steine und des Bauholzes kamen ein paar Nachbarn mit Pferdegespannen zu Hilfe. Überhaupt wurde in den Fünfzigerjahren die Nachbarschaftshilfe noch mehr getätigt. Dies war dann auch bei den Bauarbeiten so. Der eine und der andere leisteten als „Bauguat“, wie es geheißen hat, als Bauspende, einen oder auch mehrere Tage gratis Bauarbeit. So kam zum

Beispiel ein Besitzer aus der näheren Umgebung mit einem Korb selbst erzeugter frischer Butter und half dazu noch den ganzen Tag arbeiten. Mutter hatte eine große Freude damit. Es wurde ja tagtäglich viel gebraucht zum Kochen für viele Leute. Auch ein größerer Fleisch- und Speckvorrat musste vorbereitet werden. Weil bis Mitte der Fünfzigerjahre noch keine Möglichkeit bestand, in unserem Gebiet Milch zu liefern, haben wir sämtliche Milch zu Butter und Käse verarbeitet. Da hatten wir immer reichlich Käse für die Jause. Butter konnten wir bei einer eigenen Sammelstelle abgeben, bis unser Gebiet für die Milchlieferung erschlossen wurde. Für Butter gab es bis dahin reichlich Nachfrage und deshalb war diese zusätzlich zum Vieh eine ganz wichtige Einkommensquelle für die Bauern in unserem Gebiet.

Damit für das Bauholzführen zum Sägewerk und zurück nicht so hohe Fuhrwerkszeiten aufgewendet werden mussten, entschlossen sich meine Eltern dazu, ein kleines Landsägewerk zu kaufen. Dieses Sägewerk mit Dieselmotorbetrieb wurde knapp oberhalb des Stadels aufgestellt. So brauchte das Bauholz vom Wald herunter nicht mehr zum Sägewerk, welches so ungefähr zwei Kilometer von meinem Heimatbetrieb entfernt lag, gebracht werden. Damit die geschnittene Ware rechtzeitig fertig war, haben Vater und meine Brüder außer Samstagnachmittag und Sonntag abwechselnd Tag und Nacht durchgeschnitten. Mit dem Stallabreißen konnte erst begonnen werden, als das Vieh auf die Weide getrieben wurde, denn bis zum Herbst zum Einstellen musste wieder alles fertig sein.

Das Jungvieh kam auf die Sommerweide und die kleinen Kaiberl, welche noch nicht aufgetrieben werden konnten, konnten wir gemeinsam mit den Melkkühen über diese Zeit in einem Nachbarstall, welcher ohnehin schon längere Zeit leer stand, unterbringen. Ein großer Vorteil war wohl, dass ein Besitzer so ungefähr eineinhalb Kilometer auf einem seiner Grundstücke entfernt einen Kalkofen aufbaute, mit Hilfe eines erprobten Fachmannes, der selber auch Bauer war. Auf einem Hang wurde nämlich ein Kalkfelsen entdeckt. Von diesem Felsen wurde abgesprengt und gleich nebenan in den Ofen eingeschlichtet. Zum Kalkbrennen wurden Unmengen an Brennholz benötigt. Dies war auch wieder eine sinnvolle Verwendung des Abfalls vom Sägewerk, welches nicht weit entfernt war von der Stelle, wo der Kalkofen aufgebaut wurde und dem gleichen Besitzer gehörte. Wegen der geringen Entfernung haben wir gleich mehrere Fuhren gebrannter Kalksteine heimgeführt, auch auf Vorrat. Eine Kalkgrube war ja ohnehin vorhanden, auch ein großer Holztrog zum Kalkablassen. Das Kalkablassen war wohl wieder eine Spezialarbeit meines Vaters, natürlich mit Hilfe meiner Brüder. Beim Heimführen waren die Steine noch so heiß, dass sie geraucht haben, das musste so sein, denn durch das Draufschütten von kalten Wasser auf die heißen Steine entstand der Zersetzungsprozess. Dazu kamen die heißen Steine in den Holz- oder Kalktrog, wie er auch genannt wurde. Wasser, das schon vorher in einen großen Bottich eingelassen wurde, musste schnell und viel auf einmal draufgeschüttet werden und dazu musste man auch fest rühren. Durch Zersetzung der Steine entstand dabei eine sämige Masse, genau wie guter dicker Rahm. Diese Masse wurde in die Kalkgrube eingelassen. Solcher Kalk hielt sich über mehrere Jahre. Diese Grube wurde mit Brettern abgedeckt. Es musste ab und zu Nachschau gehalten werden und sobald der Kalk obenauf trocken war, musste Wasser eingelassen werden, um ein Austrocknen zu verhindern. Am besten war überhaupt, wenn immer einige Zentimeter Wasser über dem Kalk standen. So eine Kalkgrube existierte bei jedem Betrieb, auch bei den kleinsten. Früher einmal, so erzählte mein Großvater, wurde alles mit Kalkmörtel gemauert, erst nach und nach, sowie etwa beim Stallbau bei meinem Geburtsbetrieb, wurde zum Kalkmörtel Zement dazugemischt. So wurde der Kalk verwendet zum Mauern, Verputzen und auch zum Weißen der Wände im Haus. Auf das Ausweißen im Haus legte meine Mutter großen Wert. Dies geschah fast jedes Jahr, zumindest jedes zweite Jahr. Sie sagte immer, der Kalk reinigt und desinfiziert alles und in den frisch geweißten Räumen ist gut wohnen und schlafen. Auch zum Desinfizieren des Innenstalls wurde Kalk benötigt.

Als das Vieh nun aus dem Stall war, das war Anfang Mai 1957, ging es so richtig los. So einen Stall niederzureißen, würde ich jetzt nicht mehr aushalten, da würde ich mich zurückziehen, aber wenn man jung ist, will man alles mitmachen und miterleben. Die Mauer für die Verlängerung des Stalles wurde schon vor dem Niederreißen errichtet. Der Schnürboden wurde auch schon vorher von den Zimmerern aufgebaut. Dazu wurde mit den Pfosten, welche später für die Barrenböden verwendet wurden, eine ebene Fläche nach Waage errichtet. Auf diesem Boden mussten die langen Bäume, Mauerbänke und Sparren, ganz schön eben liegen zum Aufreißen, Anzeichnen und zum Abbinden, dem Einstemmen der Kerben, zum Zusammenstecken des Holzes, um gegenseitigen Halt zu erzielen. Das war eine sehr genaue Arbeit. Damit der Bau möglichst schnell voranging, wurde nebeneinander gearbeitet. Der Zimmererpolier erledigte das Abbinden mit geschickten Gehilfen und ein gelernter Maurer stellte mit Gehilfen die Mauer auf, alles mit Natursteinen bis auf die Pfeiler, diese wurden mit den selbst hergestellten Betonblockziegeln gemauert. Ein ständiger treuer Helfer bei unserem Stallbau war mein Großonkel Stefan, den ich schon vorhin beschrieben habe. Dieser hatte schon vom Herbst weg über den ganzen Winter bei uns Vorbereitungsarbeiten für den Stallbau getätigt. Sämtliche Tür- und Fensterstöcke hatte er ebenso wie Rahmen und Stalltüren händisch angefertigt und auch alles händisch gehobelt. Dazu benutzte er Spansäge, Stemmeisen und Hammer. Das war gerade zwei Jahre, bevor in unser Gebiet der elektrische Strom eingeleitet wurde. Von da an konnten dann erst elektrische Geräte eingesetzt werden. Großonkel Stefan half auch bei den Maurerarbeiten, beim Mörtelrühren und bei vielem mehr. Er legte überall Hand an, wo es nur notwendig war, bis er Anfang Juni wieder als Senner auf die Alm ging. Gegen Mitte Juli war dann der Stall soweit, dass dank der vielen Helfer aus der Umgebung mit dem Einbringen der Ernte begonnen werden konnte. Mehrere Helfer waren vom Frühjahr bis Juli jeden Tag im Einsatz, nur an einem Tag ist mir die Zahl noch gut in Erinnerung, das war beim Dachstuhl aufstellen, „aufziehen“ hat man dazu gesagt, da war die Zahl am größten. Da arbeiteten vierundzwanzig Männer, ältere und jüngere, darunter der Zimmermeister selbst und der Zimmerpolier. Das war eine gewaltige Arbeit, ohne Kran und ohne irgendwelche Hilfsmittel so viele Bäume so hoch hinaufbringen. Da gab es dann am Abend eine kleine Feier als Dank. Es haben ja aus der Nachbarschaft manche unentgeltlich geholfen oder für spätere Abgeltung, wie es damals so Brauch war. Früher wurde überhaupt viel mehr gegenseitig geholfen und die, die gegen Bezahlung gearbeitet haben, waren auch bescheiden. Es wurde nicht nach Stunden bezahlt sondern ein Tageslohn entrichtet. Auch Zimmerer und Maurer waren leichter zu bezahlen als jetzt. Sicher waren damals die Sozialabgaben bei denen, die angemeldet waren, nicht so hoch. Viele, hauptsächlich Bauernsöhne und Bauerntöchter, waren überhaupt nicht angemeldet und hatten gar keine soziale Absicherung. Für Bauern wurde die Pflichtversicherung erst Anfang der Sechzigerjahre eingeführt. Bis dahin konnte man nur auf das Glück vertrauen.

Mithilfe im Haushalt einer Cousine

Meine jüngere Schwester Anna hatte nun die Hauswirtschaftsschule längst fertig absolviert und die Melkarbeit übernommen. Auch fielen momentan außer den täglichen Stallarbeiten keine weiteren Arbeiten an und da der Stall bereits fertig war, ging ich über die Wintermonate zu einer Cousine, welche fünf kleine Kinder hatte, die alle unter neun Jahre alt waren, und dazu einen alten, bettlägerigen Mann zu versorgen hatte. Jener Mann war der Vater ihres Halbbruders, welcher im Krieg gefallen war. Da ihr Halbbruder der einzige Sohn dieses Mannes war, vererbte er sein Vermögen meiner Cousine. Sie verpflichtete sich dafür, ihn zu pflegen. Jener Mann war Aufsichtsjäger bei einem herrschaftlichen Jagdbesitz und bewirtschaftete einen Deputatbetrieb. Die Eltern meiner Cousine hatten einen schlägerungsreifen Wald, in welchem ihr Vater und ihr Mann zum Ankauf eines Anwesens Holz schlägerten, damit die Tiere und auch das ganze Inventar untergebracht werden konnten. Der Deputatbetrieb musste für den nächsten Jäger freigemacht werden. Neben den Holzschlägerungsarbeiten waren meine Cousine und ihr Mann auch Tage auf Betriebssuche unterwegs. Es war ja nicht selbstverständlich, dass sie gleich was Passendes fanden. So war ich manche Tage mit den Kindern allein, das jüngste war erst ein paar Monate alt. Diese Aushilfsarbeit machte ich sehr gern, denn ich liebte Kinder. Nun hatte diese Familie einen passenden Betrieb im Ennstal, in der Nähe von Liezen gefunden. Preislich war er günstig, doch mussten sie eine alte Frau mitübernehmen. Diese zog aber bald ins Altenheim und lebte nicht mehr lange. Das Übersiedeln wurde schon fürs Frühjahr festgelegt und auch vorbereitet. Ich wurde dabei um Mithilfe gebeten. Inzwischen war ich wieder daheim.

Nun wurde ich von einem Besitzer gefragt, ob ich auf seine Privatalm gehen mochte. Es waren so ungefähr fünfundzwanzig bis dreißig Stück Jungvieh zu beaufsichtigen und auch vier oder fünf Kühe, die Milch zu Butter und Käse zu verarbeiten und einige Schweindl zu versorgen. Ich erbat mir ein wenig Zeit zum Überlegen. Auch wurde mir eine Stelle in einem Haushalt angeboten, so ungefähr zu dieser Zeit. Sicherlich hätte ich an der Dauerstelle mehr verdient, doch die Freude zu den Tieren, besonders die Verarbeitung der Milch zu Butter und Käse, was ich auch daheim so leidenschaftlich gern machte, hätte ich in diesem Haushalt sehr vermisst. So hab ich mich für die Alm entschieden. Auch war meine Mutter nimmer am gesündesten. So dachte ich mir halt, nach dem Almabtrieb könnte ich ihr wieder so manche Arbeit abnehmen. Das war das Jahr 1959.

Private Weichenstellungen

Eigentlich schon in früheren Jugendjahren konnte ich Franz, meinen späteren Ehemann, gut leiden. Wir konnten einfach gut miteinander reden. Ob es nun beim Rad fahren in die Stadt oder eine Wegstrecke zu Fuß war, wir freuten uns beide, wenn wir uns irgendwo treffen konnten, um ein wenig zu plaudern. Wir nützten jede Gelegenheit dazu. Doch es gab große Gegensätze: Franz war sehr gern lustig und unterhaltsam, ging gern auf Tanzunterhaltungen, tanzte leidenschaftlich gern und wir, meine Geschwister und ich waren von unseren Eltern sehr streng religiös, sittlich und zur Bescheidenheit erzogen worden. Bis zum zwanzigsten Lebensjahr, sogar darüber hinaus, mussten wir die Eltern fragen, wenn wir auf eine Tanzunterhaltung gehen wollten. Mutter sagte, „frag den Vater“ und Vater wollte es nicht immer gleich erlauben. Zur damaligen Zeit war man ja doch erst mit einundzwanzig Jahren großjährig. Meine Schwester Rosa war überhaupt nicht interessiert an Tanzunterhaltungen und mein Bruder Michael schlief in der Kammer im Obergeschoß, wo eine Tür über die Gerätekammer ins Freie führte. So machte er manchmal heimlich einen Ausreißer. Dies war mir nicht möglich, denn Vater kontrollierte auch manchmal in der Nacht. Da ich dieses Bitten mit der Zeit nicht mehr drüber brachte, verzichtete ich, wenn auch schweren Herzens, auf so manche Unterhaltung. Meine jüngeren Geschwister duften dann schon frühzeitig mit uns auf Tanzunterhaltungen mitgehen. So gingen die Jahre dahin, ich begnügte mich mit der Arbeit und bemühte mich, diese ordentlich und gewissenhaft zu tätigen.

Im Jahre 1951 wurde in unserer damaligen Gemeinde der Bund Steirische Landjugend gegründet. Franz wurde zum Gründungsobmann gewählt und übte diese Funktion bis zum Jahre 1958 aus. Mein Bruder Michael trat gleich der Gruppe bei, einige Zeit später auch meine jüngere Schwester Anna. Ich als Mädchen mit vierundzwanzig Jahren fühlte mich zu alt für diese Jugendgruppe. So blieb ich auch da fern. Mit Hilfe des damaligen Schuldirektors, Herrn Josef Edlinger, welcher zum kulturellen Berater gewählt wurde, ging die Landjugend mit Schwung an die Arbeit. Es wurde viel unternommen, um eine finanzielle Unterlage zu schaffen. Ein Stück Grundfläche für einen Forstgarten wurde von der Gemeinde zur Verfügung gestellt. Darauf wurden Forstpflanzen gesät, gepflegt und aufgezogen, um sie dann an die Waldbesitzer zu verkaufen. Von Waldbesitzern wurden Aufforstungen übernommen. Verschiedene Aktivitäten wurden getätigt. So zum Beispiel half ab und zu eine Gruppe in Krankheitsfällen gratis bei Erntearbeiten, dafür gab's nachher immer ein Beisammensein bei guter Jause und Getränk. So wurde mir erzählt, denn selber war ich ja nicht dabei. Weiters wurden Volksbräuche wie Faschingsrennen oder Bärentreiben am Faschingsmontag wieder aufgefrischt, Theaterstücke einstudiert und gespielt, wovon das Volksstück „Herz am rechten Fleck“ bei der Bevölkerung ausgesprochen gut ankam. Außer verschiedenen kleinen Tanzveranstaltungen wurde in unserem Landgasthaus von der Landjugend erstmals ein Bauernball veranstaltet, welcher von Alt und Jung zahlreich besucht wurde und ein großer Erfolg war. Diese Ballveranstaltung im Fasching, im hiesigen Gasthaus von der Landjugend organisiert, blieb bis jetzt aufrecht. Wie erwähnt, blieb Franz bis 1958 Obmann der Landjugend. In dieser Zeit war er sehr ausgelastet, hatte aber dennoch die Gelegenheit, Kurse zu besuchen und sich weiterzubilden, was ihm sehr zugute kam. So oft wir uns „zufällig“ trafen, kamen wir uns näher, doch wagten wir noch keine engere Bindung. In dieser Zeit zog er sich auch einmal durch eine Verkühlung eine sehr schwere Lungenentzündung und dazu eine Venenentzündung zu, wo ich sehr um ihn bangte. Von mehreren Seiten erhielt ich Heiratsanträge, konnte mich aber für keinen entschließen. Wie es zur damaligen Zeit noch üblich war, wurden Bäuerinnen von Bauern oft spontan gesucht und junge Frauen haben spontan „Ja" gesagt. Es gab ja keine andere Möglichkeit, als Bäuerin zu werden oder lebenslang im Dienst, das heißt Knecht oder Dienstmagd zu bleiben. Das war halt manchmal auch ein hartes Leben. Da waren nur ganz wenige, welche ohne eigenen Wohnsitz eine Heirat gewagt haben. Eine Tante von mir, eine Schwester meines Vaters, war ein solches Beispiel. Diese heiratete einen weichenden Erben von einem größeren Betrieb, oder war es ein Sohn einer weichenden Erbin, das ist mir nicht ganz genau bekannt. Sie wohnten in einem alten Haus, welches auf der Weide eines größeren Bauern stand. Ein kleinerer Stall war angebaut, wo sie ein paar Ziegen, Hühner und ein Schweindl halten konnten. Der Mann war im Sommer Almhalter und im Winter arbeitete er als Taglöhner bei verschiedenen Bauern, hauptsächlich beim Besitzer, dem das Haus gehörte. Wie viel er da verdiente, weiß ich wieder nicht, wahrscheinlich musste er einen Teil für das Wohnen im Haus leisten. Die Frau erreichte durch Stricken von Pullovern, Jackerln und Strümpfen ein zusätzliches Einkommen. Ziegen und Schweindl konnten sie auf die Alm mitnehmen. So schlugen sie sich durchs Leben. Sie hatten auch vier Kinder, von denen sie schon frühzeitig die älteren zu Bauern geben mussten. Das hat sich nach dem Krieg, so in den Fünfzigerjahren, geändert.

Ein angehender Bauer kam und sagte mir, er müsse nun heiraten und da hatte er an mich gedacht. Ich kannte ihn von Kindheit auf, aber mir sagte einiges nicht zu und so willigte ich nicht ein. Ich bekam von ihm die Antwort: „Na ja, du bist bald fünfundzwanzig Jahre alt, für dich ist's bald vorbei!" Einem anderen Besitzer, wo zwischen uns ein sehr hoher Altersunterschied gewesen wäre, habe ich gesagt: „Weißt du, ich bin für dich einfach zu jung." Um ihn nicht zu beleidigen habe ich nicht gesagt: „Du bist für mich zu alt." Er antwortete mir: „Ich bekomm noch eine jüngere", das hatte dann auch gestimmt. Wahrscheinlich hat er sie schon in Aussicht gehabt, denn es fand bald darauf die Hochzeit statt. Es wären alles schöne Betriebe gewesen, Vollerwerbsbetriebe und gar nicht weit von meinem Heimathaus weg. Aber meine Gedanken hingen an Franz. Obwohl unsere Wege zwischendurch weit auseinander gingen, was auch verständlich war, wenn wir uns irgendwann wieder trafen, wir konnten immer gut, aufrichtig und ehrlich miteinander reden.

Eine Begebenheit, die mir sehr imponierte, ist mir noch gut in Erinnerung. Es war bei einer Unterhaltung im örtlichen Gasthaus und wie es manchmal vorkommt, gerieten zwei Männer in einen Streit und auch bald in eine Rangelei. Es mischten sich einige ein, natürlich auch der Wirt, es gab ein Geschrei und ein Durcheinander, mit dem Hinausschmeißen wurde ihnen gedroht. Nun ging Franz auf sie zu, redete ruhig auf sie ein, brachte sie wieder zum Niedersitzen, setzte sich kurz zu ihnen und fing ein ganz anderes Gespräch an. Der ganze Spuk war vorbei. Auch später, wenn es Probleme gab oder eine Entscheidung zu treffen war, sagte er immer, reden wir drüber und wenn wir nicht die richtige Entscheidung treffen oder getroffen haben, dürfen wir einander keinen Vorwurf machen. Das war für mich wichtig, da ich ein wenig empfindlich bin und wenig Durchsetzungskraft habe.

Unsere Freundschaft wurde immer inniger, wir machten auch der Öffentlichkeit gegenüber kein Geheimnis mehr draus, also galten wir als „Zusammengehörige“. Franz konnte sich neben den Arbeiten bei seinem Heimatbetrieb bei Holzschlägerungen und beim Fuhrwerken etwas Geld verdienen und ein wenig Kapital anlegen, ich hingegen nicht viel. Er fragte aber nie danach. Er wusste genau, dass ich kein großes Erbteil zu erhoffen hatte, denn wir waren fünf Geschwister. Wir waren zuversichtlich, dass wir uns eine Existenz aufbauen könnten. Er holte mich ab zu den Unterhaltungen, ja wir dachten an die Zukunft und sehnten uns nach einem Familienleben. Eines Tages kam wiederum ein junger Bauer der weiter entfernt ansässig war und den ich von einer Unterhaltung kannte und dessen Absichten ich ahnte, da er mir gelegentlich eine Karte schrieb, mit seinem Schwager und trug mir eine Heirat an. Von allen diesen Männern will ich weder Alter noch Namen nennen, denn ich schätze alle sehr, welche mir aufrichtig und ehrlich die Ehre erbrachten.

Dass ich nochmals ablehnte, darüber ärgerte sich meine Mutter so sehr, dass sie mit mir regelrecht eine Zeit lang schimpfte. Mutter zweifelte und meinte, wenn Franz eine Möglichkeit fände, würde er in einen Betrieb einheiraten, dann stünde ich alleine da. Ich konnte ihr sonst nichts erwidern und hab nur kurz gesagt: „Ich habe Franz lieber." Ich konnte meine Mutter auch gut verstehen, denn sie hatte nicht Unrecht. Fünf von meinen Schulkolleginnen, so ziemlich gleichen Alters, war es so ergangen. Sie waren frühzeitig eine Beziehung eingegangen, jede hatte zwei oder mehr Kinder und war dann von den Kindesvätern verlassen worden, weil diese eine andere fanden, die einen Besitz hatte. Das wollte mir meine Mutter ersparen. Das war gerade noch die Zeit, wo ein Besitz den Vorzug erhielt. Dazu fällt mir eine Aussage vom Besitzer ein, bei dem ich zwei Sommer auf der Alm gedient habe. Dieser hatte bei einem Großbauern Praxis gemacht, weil sein Vater frühzeitig gestorben war. Dieser Besitzer erzählte mir, was dieser Bauer zu ihm gesagt hatte: „Bua merk dir's, was du daheiratest, brauchst nicht dahausen, das heißt nicht daarbeiten". Das tat mir sehr weh, denn ich gehörte auch nicht zu den Reichen. Um meiner Mutter die Zweifel zu nehmen, bat ich Franz, er möge mit ihr über unsere Absicht reden. Das tat er, er sagte ihr, sie soll sich keine Sorgen machen, wir hätten uns gern und wir würden es schon schaffen. Gott sei Dank war der Bann gebrochen. Mein Vater nahm dazu keine Stellung, er konnte Franz immer gut leiden.

Einschneidende Veränderungen und Existenzgründung

Auch im nächsten Sommer, 1960, sagte ich wieder zu, auf die Alm zu gehen, das Almleben sagte mir eigentlich sehr zu. Dabei war ich freier als in einem anderen Dienst. Dass dies Nachteile haben könnte für meinen Lebensabend und dass ich nicht durchlaufend versichert war, an das hat damals niemand gedacht. Über die Sommermonate auf der Alm war ich wohl angemeldet, doch für Bauernkinder gab es damals keine Pflichtversicherung und freiwillig wurde von den allerwenigsten Eltern eingezahlt. Wie ich schon vorher erwähnt habe, wäre ich mal gern auf Saison gegangen, ich hatte auch schon aus der Zeitung ein Inserat ausgesucht gehabt nach Kitzbühel, da hab ich's meiner Mutter gesagt, da hab ich von ihr die Antwort bekommen: „Denkst gar nicht an mich?" Da hab ich es halt nicht übers Herz gebracht, dass ich mich durchgesetzt hätte. Ich war dann aber sehr froh, dass ich es nicht getan habe, denn dass Mutters Krankheit so ernst war, das hatten wir alle nicht geglaubt.

Die Arbeiten daheim, gemeint ist der Haushalt, beherrschte während der Abwesenheit meiner Mutter meine jüngere Schwester ausgezeichnet. In diesem letzten Almsommer waren meine Gedanken stets daheim bei meiner kranken Mutter. Auch die Gedanken um die Zukunft beschäftigten mich sehr. Langweilig wurde mir außerdem auf der Alm nie. Ich fand immer eine Beschäftigung. Der Besitzer kam des Öfteren mit seinem vom Krieg übriggebliebenen Geländewagen auf die Alm, um verschiedene Arbeiten, wie das Zaun ausbessern oder Holz herrichten, zu tätigen. Ein Stück Wiese wurde gemäht und das getrocknete Heu eingebraucht zum Zufüttern für die Kühe bei Schlechtwetter und auch als Einstreu für die Schweindl. Kraftfutter brachte er mit und Salz für die gesamten Tiere. Heimzu nahm er die erzeugte Butter und den Käse mit. Abends und frühmorgens ging er meistens auf die Jagd.

Das Besitzerehepaar hatte sechs Kinder im Vorschulalter und Schulalter. Wenn auch die Kinder mitkamen und den Ball mithatten, da ging's oft recht lustig zu. Ich spielte mit ihnen Völkerball, denn ich hatte Kinder immer sehr gern und das machte mir Spaß. Von den größeren blieb auch manchmal eines für mehrere Tage bei mir auf der Hütte. Damals führte noch kein Güterweg in dieses Tal zu den Almhütten, nur ein grober Karrenweg, deswegen hatte dieser Besitzer einen Jeep.

Ganz besonders freute es mich, wenn Franz oder mein Bruder Michael oder beide miteinander auf Besuch kamen. Wenn schönes Wetter war, gingen wir der Höhe zu. Mein Bruder Michael war ein richtiger Almfan. Das waren dann einige schöne Stunden.

Als der Termin für Mutters Operation heranrückte, ging der Sommer schon dem Ende zu. Zuvor war sie in Graz zur Bestrahlung und in der Zwischenzeit ein paar Wochen daheim. Wie viele Wochen, dass es jeweils waren, das weiß ich nimmer so genau. Damals hat sich ein Krankenhausaufenthalt viel länger hinausgezögert als jetzt. So war es mir ein großes Bedürfnis, noch bevor Mutter zur Operation ins Krankenhaus musste, sie daheim anzutreffen. Nach der Melkarbeit am späten Nachmittag machte ich mich auf den Weg und marschierte heimzu. Mutter war in guter Verfassung und zuversichtlich. Es wurde das Krankenhaus Bruck an der Mur gewählt, wo meine Schwester Rosa und nunmehrige Schwester Werenfrieda zur Zeit als Operationsschwester im Dienst stand. Da wussten wir sie gut aufgehoben. Was das für meine Schwester geheißen hat, bei der Operation der eigenen Mutter und Jahre später bei der Magenoperation unseres Bruders zu instrumentieren, das kann ich mir nicht vorstellen. Zu solcher Aufgabe wäre ich nie in der Lage gewesen. Meine Schwester hatte starke Nerven. Später haben wir öfters darüber gesprochen, da sagte sie mir, „dem Patienten zu helfen und Leben zu retten“, mit dieser Einstellung wäre es ihr gelungen.

An jenem Abend saßen wir – meine Eltern, meine Geschwister und ich ziemlich lange in die Nacht hinein beisammen. Als mein Vater und meine Geschwister nach und nach schlafen gingen, blieben meine Mutter und ich alleine übrig. Da wurde es für mich Zeit zum Aufbrechen in Richtung Alm und ich meinte zur Mutter: „Jetzt werde auch ich gehen, damit auch du schlafen gehen kannst.“ Mutter erwiderte: „Bleib, solange es Dich freut! Ich kann ja eh am Tag schlafen.“ Von den intensiven Gesprächen ist mir ein Satz in bester Erinnerung. Sie meinte einmal: „Eigenartig, wir haben so oft die gleichen Gedanken und Einstellungen.“ Die Zeit verging so schnell, dass es für mich wirklich schon Zeit war zum Aufbrechen. Um drei Uhr in der Früh verabschiedete ich mich und stapfte den gut zweistündigen Weg der Alm zu, das war dann genau richtig zur Melkarbeit in der Früh.

Auf der Alm, wo ich diente, sowie auch auf ein paar umliegenden Almen, war der Tag zum Almabtrieb traditionell der 29. September, der Michaelstag. Fiel dieser Tag auf einen Sonntag, wurde schon am Tag davor abgetrieben. Auch wenn Schlechtwetter mit Schneefall eintraf, musste manchmal der Abtrieb vorverlegt werden. In diesem Jahr war es der 29. September. Wenn ich schon leidenschaftlich gern auf der Alm war, so war ich diesmal froh, dass der Sommer zu Ende war.

Der Tag, an dem Mutter ins Krankenhaus musste, ist mir ebenso wie die Dauer der Vorbereitung auf die Operation nimmer in Erinnerung. Ich weiß nur noch, dass Mutter in den ersten Oktobertagen operiert wurde. Weil zur damaligen Zeit in unserem Gebiet nur einzelne ein Auto besaßen und eine so weite Zugfahrt soviel Zeit in Anspruch nahm, war es uns nicht möglich, Mutter öfters zu besuchen. Zudem waren die Besuchszeiten in den Krankenhäusern damals noch viel beschränkter als jetzt. Aber, wie ich schon erwähnt habe, wussten wir Mutter gut aufgehoben bei ihrer eigenen Tochter. Es war zwar noch nicht in jedem Haus ein Telefon, aber im nahegelegenen Gasthaus befand sich eine öffentliche Telefonstelle. So konnte uns meine Schwester über Mutters Zustand informieren. Die Operation verlief sehr gut, Mutter bekam aber eine Lungenentzündung dazu. Auch von dieser erholte sie sich rasch. Sie ist schon aufgestanden und im Zimmer herumgegangen. Am 13. Oktober bekamen wir plötzlich Nachricht, dass es Mutter nicht gut ginge. Vater besorgte gleich ein Auto samt Chauffeur und mein Vater, meine jüngere Schwester und ich fuhren gleich los. Mutter war bei vollem Bewusstsein, erkannte uns noch, konnte aber nicht mehr viel sprechen. Sie hatte Geräte angehängt. Nun wusste ich bereits, dass ich schwanger war. Ich wollte es Mutter aber in diesem kritischen Zustand nicht sagen, ich hoffte ja fest, dass sie sich wieder derfangen würde. Gar so lange konnten wir nicht bleiben, denn Mutter brauchte Ruhe. Meine Schwester blieb im Krankenhaus und durfte die Nacht über bei Mutter bleiben, Vater und ich fuhren in der Nacht mit heim. Wir verabschiedeten uns und das waren ihre letzten Worte an mich: „Sei mir nie bös auf Franz“. In der Nacht zum 14. Oktober starb unsere liebe Mutter im sechzigsten Lebensjahr. Mir tat es bitter leid, dass ich es ihr nicht gesagt habe, dass ich schwanger war. Wie würde sie sich über ihr erstes Enkelkind gefreut haben!

Mutters Tod war für uns alle ein schwerer Schock und für Vater eine Katastrophe. Mit dem Tod unserer geliebten Mutter trat in meinem Elternhaus eine große Wende ein. Vater hielt das alleinige Schlafen im Zimmer nicht aus. Er bat uns, dass jemand vorübergehend zu ihm ins Zimmer ziehen möge. Meine Schwester war dazu bereit. Ich musste ablehnen. Mir ging es in den ersten paar Schwangerschaftsmonaten gar nicht gut. Außer einem Stück Brot mit ganz dünn Butter und Honig, dazu einen dünnen Kaffee mit Magermilch vertrug ich fast keine Speisen mehr. Dieses Frühstück brachte mir meine

Schwester Anna liebevoll zum Bett, damit ich darauf noch ein bissl ruhig hinliegen konnte. Ansonsten musste ich gleich erbrechen. Nicht nur Franz und ich, auch mein Vater und meine Geschwister freuten sich über unseren kommenden Nachwuchs. Weil diese Beschwerden Tag für Tag noch mehr zunahmen, drängte mein Vater, dass ich zum Arzt kam. Jener Arzt, Herr Dr. Otto Gröger in Oberwölz, war Allgemeinmediziner, kannte sich aber auch in der Frauenheilkunde gut aus und war dazu ein tüchtiger Geburtshelfer. Er erkannte die Ursache und hat das Übel gleich behoben. Meine Beschwerden ließen bald nach und ich konnte bald wieder normal essen.

Mein jüngerer Bruder Peter war zu dieser Zeit beim Bundesheer. Wir halfen zusammen, ja wir halfen Vater so gut es ging. Peter war neunzehn Jahre alt und deshalb noch minderjährig. Um eine gerichtliche Betriebsschätzung zu vermeiden, ließ Vater meinen Bruder Peter für großjährig erklären. Dass den Besitz einmal Bruder Michael übernehmen würde, war bei meinem Daheim schon lange eine Selbstverständlichkeit. Durch Mutters Tod kam dies ein wenig schneller als geplant. Die Verlassverhandlung stand bevor. Vater musste mit uns, nun fünf großjährigen Kindern, Absprache halten, was wohl nicht ganz so einfach war, sollten wir doch alle so halbwegs auf die Rechnung kommen. Alle hatten wir unsere Jungendkräfte voll und ganz eingesetzt zum Aufbau des Betriebes. Vater hätte noch lange Arbeit gehabt für uns. Es war auch der Hausneubau im Gespräch. Davon hat Mutter abgelenkt und hat gesagt: „Dies mach ich nimmer mit, das muss die nächste Generation tun.“ Wir waren uns also einig und gerüstet auf den Tag der Verlassverhandlung mit Besitzübergabe. Selbstverständlich halfen wir meinem Bruder noch weiter bis zur Heirat.

So wie es bei meinem Daheim schon lange klar war, wusste Franz noch immer nicht, wem sein Vater den Besitz einmal übergeben würde. Seine Mutter war schon vor einigen Jahren verstorben, sein Vater arbeitete mit zwei Söhnen und zwei Töchtern weiter. Ein Sohn und zwei Töchter hatten weggeheiratet, ein Sohn war im Krieg gefallen.

Wir waren beide über dreißig und ich schwanger, daher wollten wir zusammenziehen und eine Existenz aufbauen. Franz fragte seinen Vater, wie er es denn einmal im Sinn hätte. Er bekam die Antwort: „Bleib und warte noch ein wenig, ich teile den Betrieb zwischen dir und deinem Bruder. Ich könnt heiraten!“ Franz war durchaus einverstanden. Ställe waren ohnehin zwei vorhanden und auch zwei Häuser. Das zweite Haus war sehr baufällig, wurde bald abgerissen und ein neues gebaut für Franz seinen Bruder.

Ende der Vierziger- und in den Fünfzigerjahren bestand in unserem Gebiet ein großer Trend zum Betriebe teilen. Wenn ich nachzähle, sind es in unserer Gemeinde und in der angrenzenden Nachbargemeinde, also in unmittelbarerer Nähe, acht, neun Betriebe gewesen, welche in dieser Zeit geteilt wurden. Natürlich mussten sich diese Betriebe der Größe wegen teilen lassen. Es konnten trotzdem noch die meisten als Vollerwerbsbetriebe bewirtschaftet werden. Das wird sicher ein Grund gewesen sein zum Betriebe teilen. Die Männer standen im Krieg und Frauen, Kinder und Jugendliche mussten fast ohne Entlohnung arbeiten. Niemand konnte sich soviel erwerben, um eine Existenz aufzubauen. Auch so, glaube ich, dem Dienstboten-Los entgegenzuwirken. Familienbetriebe waren in dieser Zeit am gefragtesten. Die Wirtschaft war im Aufschwung. In allen Sparten wurde produziert und produziert. Sämtliche Produkte fanden Absatz und die Preise waren angepasst.

Ehe und Familie

So begannen wir mit den Vorbereitungen für die Hochzeit, denn mein Bruder Michael ehelichte die jüngste Schwester von Franz. In den Fünfziger- und Sechzigerjahren herrschte noch kein solcher Wohlstand wie jetzt, daher wurden auch Hochzeiten viel einfacher und bescheidener gefeiert. Also hielten wir Doppelhochzeit am 17. April 1961.

Unser erster Sohn Peter kam am 10. Juni 1961 zur Welt, der zweite Sohn, Franz, am 22. Juli 1962, Tochter Maria am 9. November 1963, Hermann am 23. März 1965, Eva am 10. Dezember 1967 und Karl am 10. Februar 1970.

Es war eine sehr anstrengende Zeit und doch freuten wir uns über jeden Ankömmling. Viel Schweres, über das ich aber nicht schreiben möchte, kam auf uns zu. Doch Franz hielt zu mir und mit Zusammenhalt, Gottvertrauen und der Gewissheit, dass auch Schlimmes einmal ein Ende hat, waren wir in der Lage durchzuhalten.

Der allerschwerste Schicksalstag, der uns traf, war wohl, als uns das 1967 geborene Mädchen Eva am 27. Jänner 1970 auf tragische Weise verunglückte. Das war vierzehn Tage, bevor unser jüngster Sohn zur Welt kam. Trotz der Freude mit dem „Gottlob" gesunden Baby konnte ich den Schmerz um das Mädchen lange, lange nicht überwinden.

1964 teilte mein Schwiegervater den Betrieb zwischen Franz und seinem Bruder. Schwiegervater war schon sehr kränklich und ich ausgelastet mit den kleinen Kindern, daher blieb Franz seine ältere Schwester beim „Vater", meinem Schwiegervater, um ihn zu betreuen. 1964 starb mein eigener Vater plötzlich an Herztod.

Mein Schwiegervater wurde nach dem Zusammenbruch des Nationalsozialismus von der neugegründeten Behörde provisorisch zum Bürgermeister bestellt, dann durch eine Wahl bestätigt und hatte dieses Amt siebzehn Jahre lang inne, bis er es mitten in einer Periode aus gesundheitlichen Gründen abgeben musste.

Sehr froh waren wir, dass Franz seine ältere Schwester noch am Betrieb war und diese meinen Schwiegervater liebevoll betreute und auch uns half, wenn es notwendig war und es ihr die Zeit zuließ. „Vaters" Gesundheitszustand verschlechterte sich, so dass er im März 1967 starb. Nach „Vaters", meines Schwiegervaters, Tod zog Franz seine Schwester weg. Zum Glück wohnten in der Nachbarschaft zwei pensionierte, noch rüstige Frauen, welche wir zu Hilfe rufen konnten, wenn wir über die Arbeit nimmer drüber sahen, was hauptsächlich in Krankheitsfällen der Fall war. Ich denke da an die Masern, wo wir vier unserer Kinder zugleich im Bett hatten. Ähnlich erging es uns, wenn eine Grippewelle Einzug hielt.

Auch wohnten in der näheren Umgebung zwei junge Mädchen, welche in den Ferien kamen und uns auf die Kinder aufpassten und

Doppelhochzeit am 17. April 1961

Schwägerin Hanni und Bruder Michael

Absperren des Hochzeitszuges
(in unserer Gegend auch „Gspengst mochn“ genannt)

Schwiegervater Karl Leitner,
Jg. 1896,
in den späten Vierzigerjahren

Franz als Kind mit seinen Eltern und Geschwistern

Franz mit Pferd „Elsa“

auch im Haushalt halfen. Das waren die Hanni und die Emmi, zwei ganz liebe Mädchen. Später, als meine Tante Kathl in Pension ging, kam uns auch diese oft zu Hilfe, hauptsächlich, wenn Schlachttag war oder zum Ribiselpflücken.

Ich konnte so mit meinem Gatten mit aufs Feld und brauchte mir um die Kinder keine Sorgen machen. Das war noch die Zeit, wo noch viel Handarbeit anfiel. Wir hatten schon einen Traktor, aber die Zusatzgeräte waren noch nicht so ausgereift.

Um unsere Buben kümmerte sich mein Onkel Franzl, dessen handwerkliches Talent ich schon mehrmals beschrieben habe. Dieses wollte er auch unseren Buben frühzeitig beibringen. Wahrscheinlich hat er gesehen, dass so manche Reparaturarbeiten in Haus und Stall notwendig wären. Er baute ihnen eine richtige Hobelbank, nicht nur eine zum Spielen und besorgte auch dazu das notwendige Werkzeug, welches natürlich mein Gatte bezahlte. Auch das Maurerhandwerk brachte er den Buben bei. Mit vollem Eifer gingen sie ans Werken. Unser ältester Sohn, welcher jetzt der Besitzernachfolger ist, neigte mehr zum Maurerhandwerk, schon auch zur Holzverarbeitung, und der zweite Sohn, Franz, erlernte das Tischlerhandwerk.

Tochter Maria besuchte nach der Hauptschule eine zweijährige Hauswirtschaftsschule und legte später die Meisterprüfung für Hauswirtschaft ab. Die zwei jüngeren Söhne besuchten nach der Volks- und Hauptschule die höhere Bundeslehranstalt für alpenländische Landwirtschaft. Sohn Hermann bekam eine gute Anstellung an der Agrarbezirksbehörde und Karl ging anschließend auf die Hochschule für Bodenkultur in Wien.

Obwohl wir unsere Kinder frühzeitig zur Arbeit heranziehen mussten, glaube ich nicht, dass eines von ihnen deswegen unglücklich ist. Mit dem Erwachsenwerden unserer Kinder erleichterte sich für uns die Arbeit wesentlich. Da wir nicht viel oder besser gesagt fast gar keine Zeit hatten, die Kinder zu verwöhnen, wuchsen sie frühzeitig zur Selbständigkeit heran. Die jüngeren lernten von den älteren und die älteren passten schon sehr gewissenhaft auf die jüngeren auf.

Weil mein Mann ein leidenschaftlicher Waldliebhaber war, konnten

Sponsion meines jüngsten Sohnes Karl
an der Wiener Universität für Bodenkultur im Jahr 1998

Bilder vom Familienausflug zum 75. Geburtstag von mir und Franz

Landeshauptmann Dr. Josef Krainer überreicht meinem Mann 1993 das goldenen Ehrenabzeichen des Landes Steiermark.

Mit meinem Mann während unseres Istrienurlaubs

wir uns fortan an Sonntagnachmittagen, wenn schönes Wetter war, einen Waldspaziergang leisten oder wir fuhren auf die Alm, um beim Vieh Nachschau zu halten, auch machten wir manchmal einen kurzen Ausflug auf irgendeine Alm. Den Kindern ließen wir den freien Willen, ob sie mit uns mitwandern oder ob sie lieber daheim bleiben wollten. Es sind schon manchmal ein paar, selten aber alle mitgewandert, im Großen und Ganzen blieben sie lieber daheim. In unserem kleinen Dörfl wohnten damals mehrere Kinder, so ungefähr gleichaltrige, da gesellte sich gleich ein Schöckl zusammen zum Spielen. Das zogen sie dann vor, denn zum Spielen war die Zeit ohnehin immer zu kurz.

Der Besuch des Gottesdienstes am Sonntagvormittag war für uns eine Selbstverständlichkeit. Das Kreuzesopfer Christi mitzufeiern und Gott zu danken für die wunderbare Schöpfung und auch um Glück und Segen zu bitten, war uns ein Bedürfnis. Außer den Arbeiten, welche täglich in Haus und Stall verrichtet werden mussten wurde an Sonntagen nicht gearbeitet. Ausnahmen bildeten noch eine Geburt im Stall oder eine Krankheit bei Mensch und Tier. Darüber hätte sich mein Schwiegervater schwer entsetzt und geärgert, wenn wir an Sonntagen Feldarbeiten oder gar Holzarbeiten getätigt hätten. So haben wir es auch nach seinem Tod weitergepflegt. Auch meine Eltern waren tiefreligiös und wir wurden so erzogen. Überhaupt bin ich meinen Eltern und Schweigereltern sowie vielen meinen Vorfahren viel, viel Dank schuldig. Gar vieles ist von den religiösen Ordnungen verloren gegangen. Schade!

Durch unsere Kinder und mit unseren Kindern konnten wir viele glückliche Stunden genießen und schöne Ereignisse erleben. Das waren die Schulschlussfeiern, die Maturafeiern, eine Sponsions- und eine Promotionsfeier. Schließlich die fünf Hochzeiten unserer Kinder und, worüber ich besonders glücklich bin, dass alle glücklich verheiratet sind.

Erinnerungen an meinen Mann

Während ich mich daheim bei den Kindern und bei der Arbeit glücklich fühlte, war mein Mann auch gern in der Öffentlichkeit tätig. Als nach dem Krieg 1946 die Schützengarde der Pfarre St. Peter nach der Unterbrechung über die Kriegsjahre wieder neu zusammengestellt wurde, trat Franz gleich als Mitglied bei. Bald wurde er zum zweiten Fähnrich eingeteilt und übernahm schließlich 1958 von seinem Vater das Kommando über die Garde. Fünfzig Jahre war mein Mann Mitglied der Schützengarde und vierzig Jahre deren Kommandant. Dafür wurde ihm im Jahr 1994 vom Landeshauptmann Josef Krainer das goldene Ehrenzeichen des Landes Steiermark verliehen. Im Juni 1998 wurde ihm durch Oberst Carl von Veenendaal von der Vereinigung der Traditionsverbände Mitteleuropas das Verdienstkreuz des Ritterordens vom heiligen Sebastianus überreicht. Mein Mann freute sich über diese Auszeichnungen, denn er war mit Leib und Seele Mitglied bei dieser Garde, welche schon im 17. Jahrhundert urkundlich erwähnt wurde. Den Ausgang nahm die Schützengarde angeblich von einer Christenverfolgung, wo junge Männer mit Uniform und Gewehren ausgestattet wurden, um bei Prozessionen, vor allem bei der Fronleichnamsprozession, das Allerheiligste zu beschützen.

Wenn es auch manchmal nicht leicht war, mein Mann ließ kaum eine Ausrückung aus, er hielt es für eine Pflicht. Stets kam er frohen Mutes heim und wusste immer etwas zu erzählen. Fünfundvierzig glückliche Ehejahre waren uns geschenkt. Leider war in den letzten paar Jahren die Gesundheit meines Mannes schwer angeschlagen. Ich vermisse ihn sehr. Wir haben das Schwere und das Schöne, Freud und Leid miteinander getragen.

Wenn ich schon am Verlust meines Mannes schwer trage, so kann ich doch auf ein erfülltes Leben zurückblicken und freue mich im Alter über jeden Erfolg meiner Kinder, Schwiegerkinder und Enkel. Ich danke Gott für alles Schöne, was mir im Leben geschenkt wurde.

Pöllau am Greim heute

NACHWORT

Die Idee zum Aufschreiben meiner Erinnerungen ist vor ungefähr 10 Jahren entstanden. Mein Sohn Karl hat mir damals nach und nach einige Bücher mit lebensgeschichtlichen Aufzeichnungen mitgebracht. Er hat immer wieder versucht, auch mich zum Aufschreiben von Erinnerungen an meine Kinder- und Jugendzeit zu bewegen. Von dieser Idee fühlte ich mich sehr überfordert und meinte, anstatt zu schreiben, würde ich lieber erzählen. Sogleich wurde mir von meinen Söhnen Karl und Hermann ein Diktiergerät zum Hinaufreden zur Verfügung gestellt. Aus dem Hinaufreden wurde halt auch wieder nichts. Karl hat mir dann auch einmal eine Kassette mit einer Radiosendung mitgebracht. In dieser Sendung wurde über ein Institut der Universität Wien berichtet, das sich für die Dokumentation lebensgeschichtlicher Aufzeichnungen einsetzt. Durch weiteres Drängen meines Sohnes Karl überwand ich mich schließlich zum Schreiben.

Im Jahr 2000 begann ich dann, meine Erinnerungen an Erlebnisse aufzuschreiben, so wie sie mir gerade einfielen. Dazwischen folgten immer wieder Pausen. Ich brauchte immer wieder Motivation. Auch kam noch die Krankheit meines Mannes dazwischen, welche mein Schreiben für längere Zeit gänzlich zum Stillstand brachte.

Eine Zeitlang nach dem Tod meines geliebten Mannes begann ich wieder mit dem Schreiben und fand so in meiner Trauer Ablenkung. Durch wiederholte Motivation meines Sohnes Karl begann ich zügiger zu schreiben. Als dann bereits recht viel beisammen war, hat meine Tochter Maria gemeinsam mit ihren Kindern Christian, Claudia und Alexandra den Text in den Computer eingetippt.

Inzwischen suchte Karl Verbindung zur „Dokumentation lebensgeschichtlicher Aufzeichnungen“ an der Universität Wien und bat um Rat. Herr Günter Müller stellte dann den Kontakt zu Frau Birgit Dober her, die mein „Durcheinander“ geordnet, in eine lesbare Form gebracht und in Kapitel eingeteilt hat. Sie hat auch noch gemeinsam mit mir die Bilder dazu ausgesucht und in den Computer eingespeichert. Zum Schluss hat sie dann noch alles druckfertig gemacht.

Jetzt, wo alles fertig ist, muss ich sagen, dass ich mir nie gedacht hätte, dass sich mein Durcheinander überhaupt ordnen lässt und ich danke dafür Frau Birgit Dober auf das Allerherzlichste. Mein Dank gilt auch Herrn Günter Müller, meinem Sohn Karl und seiner Frau Susi, welche mich immer neu aufmunterten und mit immer neuen Anregungen kamen, sowie meinen Kindern, Schwiegerkindern und Enkeln, welche sich für mein einfaches und bescheidenes Werk interessierten.